本书出版得到水利部重大科技项目"黑龙江上游冰凌生消演变机理及预
开发研究（SKS-2022017）"的资助

黑龙江省
水生态系统保护研究

李树山　刘本义　周翠宁　主编

河海大学出版社

·南京·

图书在版编目（CIP）数据

黑龙江省水生态系统保护研究 / 李树山,刘本义,周翠宁主编. -- 南京：河海大学出版社，2025.5.
ISBN 978-7-5630-9756-2

Ⅰ．X143

中国国家版本馆 CIP 数据核字第 20256UD857 号

| 书　　名 / 黑龙江省水生态系统保护研究
| 书　　号 / ISBN 978-7-5630-9756-2
| 责任编辑 / 曾雪梅
| 特约校对 / 薄小奇
| 封面设计 / 徐娟娟
| 出版发行 / 河海大学出版社
| 地　　址 / 南京市西康路 1 号（邮编：210098）
| 电　　话 / （025）83737852（总编室）　（025）83722833（营销部）
| （025）83787103（编辑室）
| 经　　销 / 江苏省新华发行集团有限公司
| 排　　版 / 南京月叶图文制作有限公司
| 印　　刷 / 广东虎彩云印刷有限公司
| 开　　本 / 710 毫米×1000 毫米　1/16
| 印　　张 / 8.25
| 字　　数 / 123 千字
| 版　　次 / 2025 年 5 月第 1 版
| 印　　次 / 2025 年 5 月第 1 次印刷
| 定　　价 / 52.00 元

《黑龙江省水生态系统保护研究》
编委会

主 编

李树山 黑龙江省水利水电集团有限公司
刘本义 黑龙江省水文水资源中心
周翠宁 黑龙江省水文水资源中心

副主编

张玉才 黑龙江省水利水电集团有限公司
徐宜善 黑龙江省水利水电集团有限公司
闫 晗 黑龙江省水文水资源中心
王笑旻 黑龙江省水文水资源中心
任 晔 黑龙江省水文水资源中心

编 委

齐黎黎 李佳勇 李运奇 李东旭 贾思奇
韩 全 张 迅 刘锁柱 嵇殿国 于宪和

前言

水生态系统是地球生命支持系统的重要组成部分,水资源是人类社会可持续发展的基础性资源。黑龙江省作为我国重要"大粮仓",其水生态系统的健康直接关系我国的粮食安全。东北高寒地区特殊的地理位置,孕育了黑龙江省独特的生物多样性和生态功能,虽然其水资源丰富,江河纵横、湖泊密布,但是随着经济社会快速发展、气候变化以及人类活动干扰的影响,黑龙江省水生态系统也面临着水土分布不平衡、水环境污染、生态功能退化等一系列问题和挑战,亟须加强系统性保护与修复研究。

《黑龙江省水生态系统保护研究》立足于黑龙江省东北寒区河流特点和水生态现状,以系统性、科学性和实践性为原则,分析河流水资源和水环境状况,分析典型河流天然水化学特征、地表水水质状况,提出改善河流水环境的措施;采用不同方法分析典型河流生态流量,提出水生态系统保护与修复所需的生态流量保障方案;合理确定河流生态流量保障目标,提出解决流域生态流量监管在评估、监测、保障等方面存在问题的方法,为合理开发利用水资源提供技术指导。

本书旨在为以黑龙江省为代表的东北地区的水生态研究者、水利部门决策者、流域管理者及水文相关领域从业者提供理论参考与实践指南。书中内容融合了生态流量传统的分析方法、黑龙江省多年实地生态流量监测一手数据和生态流量预警方案编制经验,力求在学术深度与落地应用之间取得平衡,为实现"美丽中国"和生态文明建设目标贡献智慧与力量。

本书的编写得到了黑龙江省国土空间规划研究院、黑龙江省自然资源厅、东北农业大学等单位专家的支持,特此致谢。由于水生态系统保护涉及多学科且区域环境复杂多变,书中部分观点或需进一步验证,恳请读者不吝指正,共同完善这一领域的研究与实践。

期待本书能为黑龙江省水生态系统的可持续管理注入新思路,助力"绿水青山就是金山银山"理念在龙江大地扎根生长,为我国生态文明建设与全球水生态安全贡献智慧。

目 录

1 绪论 ········· 001
 1.1 研究目的 ········· 003
 1.2 研究依据 ········· 004
 1.3 工作原则 ········· 006
 1.4 分区及现状年 ········· 006

2 基本情况 ········· 007
 2.1 自然地理 ········· 009
 2.2 水文地质 ········· 009
 2.3 河流水系 ········· 012
 2.4 水文气候 ········· 021
 2.5 水利工程 ········· 022
 2.6 社会经济状况 ········· 027

3 水资源量及其开发利用 ········· 029
 3.1 水资源量分析计算 ········· 031
 3.2 资源开发利用状况研究 ········· 047
 3.3 水资源利用存在的问题及对策分析 ········· 048

4 黑龙江省水环境状况研究 ········· 053
 4.1 黑龙江省地表水资源质量现状评价 ········· 055
 4.2 天然水化学类型分析 ········· 072

  4.3 水质变化态势分析 ·· 073
  4.4 水环境状况及存在问题 ·· 075

5 生态流量分析 ··· 079
  5.1 生态流量计算方法 ·· 081
  5.2 生态流量保障目标涉及的生态保护对象 ·························· 084
  5.3 生态流量调度 ··· 109
  5.4 应急调度方案 ··· 110

6 生态流量监测与预警 ·· 111
  6.1 监测方案 ··· 113
  6.2 预警机制 ··· 114

7 保障措施 ·· 117
  7.1 工程措施 ··· 119
  7.2 非工程措施 ·· 119

1

绪　论

为了改善黑龙江省水生态环境,切实把省内河流保护好、治理好,本研究在分析现状河流水质情况的基础上,分析由不同方法计算得到的重点河流生态流量,确定河流生态流量保障目标,提出水生态系统保护与修复所需生态流量保障方案。

受资金、时间等限制,本次重点研究倭肯河等典型河流,重点分析天然水化学特征、地表水水质状况,以点带面反映黑龙江省水生态方面存在的问题,并探索改善河流水环境的措施。

1.1 研究目的

以习近平新时代中国特色社会主义思想为指导,深入贯彻习近平生态文明思想,按照党中央、国务院决策部署,坚持新发展理念,坚持人与自然和谐共生。建设生态文明是中华民族永续发展的千年大计,必须树立和践行绿水青山就是金山银山的理念,坚持节约资源和环境保护的基本国策,坚持节约优先、保护优先、自然恢复为主的方针,以统筹山水林田湖草一体化保护和修复为主线,着力提高生态系统自我修复能力,切实增加生态系统稳定性,显著提升生态系统功能。

黑龙江省作为东北地区重要的商品粮基地之一,农业用水量大,农业灌溉期存在争水现象,灌溉与生态环境保护之间的矛盾较为突出。

本研究对2010—2020年河流水质监测资料开展现状年水质评价及趋势分析,评价内容包括天然水化学特征分析、地表水质量现状评价及水质变化态势分析三部分。再通过水文学方法分析计算生态流量,结合流域实际,合理确定河流生态流量保障目标,摸清倭肯河等典型河流生态流量保障情况,解决目前流域生态流量监管在评估、监测、保障等方面存在的突出问题,为合理开发利用水资源提供技术指导。

1.2 研究依据[①]

1.2.1 法律法规

(1)《中华人民共和国水法》(2016 年 7 月 2 日修正);

(2)《中华人民共和国环境保护法》(2014 年 4 月 24 日修订);

(3)《取水许可和水资源费征收管理条例》(2017 年 3 月 1 日修订);

(4)《取水许可管理办法》(2017 年 12 月 22 日修正);

(5)《水量分配暂行办法》(2008 年 2 月 1 日起施行);

(6)《中华人民共和国水土保持法》(2010 年 12 月 25 日修订);

(7)《入河排污口监督管理办法》(2015 年 12 月 16 日修正);

(8)《中华人民共和国固体废物污染环境防治法》(2020 年 4 月 29 日修订);

(9)《水功能区监督管理办法》(2017 年 4 月 1 日起施行);

(10)《黑龙江省湿地保护条例》(2018 年 6 月 28 日修正);

(11)《中华人民共和国水污染防治法》(2017 年 6 月 27 日修正)。

1.2.2 标准规程规范

(1)《河湖生态环境需水计算规范》(SL/T 712—2021);

(2)《河湖生态需水评估导则(试行)》(SL/Z 479—2010);

(3)《水利水电工程水文计算规范》(SL/T 278—2020);

(4)《水资源规划规范》(GB/T 51051—2014);

(5)《水电工程生态流量计算规范》(NB/T 35091—2016);

(6)《水域纳污能力计算规程》(GB/T 25173—2010);

(7)《地表水环境质量标准》(GB 3838—2002);

[①] 本书研究开展于 2021 年,故本书所涉法律法规、标准规程规范及技术规范等均为 2021 年之前制定(修订)的。

(8)《地表水资源质量评价技术规程》(SL 395—2007)。

1.2.3 技术性和规范性文件

(1)《省级国土空间生态修复规划编制技术规程(试行)》(自然资生态修复函〔2021〕11号);

(2)《黑龙江省国土空间生态修复规划(2021—2035年)编制工作方案》;

(3)《黑龙江省水生态系统保护与修复专题研究工作方案》;

(4)《国务院关于实行最严格水资源管理制度的意见》(国发〔2012〕3号);

(5)《国务院办公厅关于印发实行最严格水资源管理制度考核办法的通知》(国发〔2013〕2号);

(6)《国务院关于印发水污染防治行动计划的通知》(国发〔2015〕17号);

(7)《中共黑龙江省委黑龙江省人民政府关于全面加强生态环境保护坚决打好污染防治攻坚战的实施意见》(2018年9月14日);

(8)《水利部关于做好河湖生态流量确定和保障工作的指导意见》(水资管〔2020〕67号)。

1.2.4 依据的规划设计资料

(1)《黑龙江省水资源公报》(2020年);

(2)《哈尔滨市水资源公报》(2020年);

(3)《佳木斯市水资源公报》(2020年);

(4)《齐齐哈尔市水资源公报》(2020年);

(5)《牡丹江市水资源公报》(2020年);

(6)《鸡西市水资源公报》(2020年);

(7)《大兴安岭地区水资源公报》(2020年);

(8)《鹤岗市水资源公报》(2020年);

(9)《双鸭山市水资源公报》(2020年);

(10)《大庆市水资源公报》(2020年);

(11)《七台河市水资源公报》(2020年);

(12)《绥化市水资源公报》(2020年);

(13)《黑河市水资源公报》(2020年);

(14)《伊春市水资源公报》(2020年);

(15)《黑龙江省地表水资源评价调查评价成果》,黑龙江省水文局,2007年6月;

(16)《黑龙江省地表水资源评价报告》,黑龙江省水利水电勘测设计研究院,2006年。

1.3 工作原则

(1) **总体分析,突出重点**。充分考虑全省河流特点,选取有突出问题的河流重点分析,提出针对性强的保护与修复措施。

(2) **统筹协调,加强衔接**。注重岸上岸下、上游下游河流等的系统性,体现综合治理,突出整体效益。

(3) **人水和谐,绿色发展**。坚持人与自然和谐共生,把水资源作为最大的刚性约束,严格控制河湖开发强度,维系河湖生态系统功能,推动形成绿色发展方式和生活方式。

(4) **合理统筹,"三生"用水**。根据流域水资源条件和生态保护需求,统筹生活、生产、生态"三生"用水配置,因地制宜,科学合理确定生态保护最小流量目标,从供水角度提出水生态保护与修复措施。

1.4 分区及现状年

1.4.1 分区

本次研究按照嫩江、松花江(三岔河口以下)、乌苏里江、黑龙江干流和绥芬河五个水资源二级分区,重点对倭肯河、汤旺河、讷谟尔河、挠力河、穆棱河、呼兰河等典型河流进行分析研究。

1.4.2 现状年

本次分析选取2020年为现状水平年。

2

基本情况

2.1 自然地理

黑龙江省位于中国东北部,是中国位置最北、纬度最高的省份。北、东部与俄罗斯隔江相望,西部与内蒙古自治区相邻,南部与吉林省接壤。

黑龙江省地域辽阔,全省土地总面积 47.3×10^4 km²(含加格达奇和松岭区)。边境线长 2 981.26 km,是亚洲与太平洋地区陆路通往俄罗斯和欧洲大陆的重要通道,是中国沿边开放的重要窗口。

黑龙江省地貌特征为"五山一水一草三分田"。地势大致是西北、北部和东南部高,东北、西南部低,主要由山地、台地、平原和水面构成。西北部为东北—西南走向的大兴安岭山地,北部为西北—东南走向的小兴安岭山地,东南部为东北—西南走向的张广才岭、老爷岭、完达山脉。

兴安山地与东部山地的山前为台地,东北部为三江平原(包括兴凯湖平原),西部是松嫩平原。黑龙江省山地海拔高度大多在 300~1 000 m,面积约占全省总面积的 58%。台地海拔高度在 200~350 m,面积约占全省总面积的 14%;平原海拔高度在 50~200 m,面积约占全省总面积的 28%。

2.2 水文地质

在经历了漫长的地史时期的地壳运动和相应的外力剥蚀堆积作用之后,黑龙江省所在区域形成了目前的山地与平原总体格局。

2.2.1 山丘区水文地质条件

黑龙江省山丘区主要分布花岗岩、变质岩、玄武岩及火山岩,由于地质构造及风化作用强烈,普遍分布基岩裂隙水,其中大面积分布风化裂隙水,局部分布构造裂隙水,少部分分布玄武岩洞隙裂隙水及冻结层孔隙裂隙水。

(1) 风化裂隙水

广大山丘区主要分布有花岗岩、变质岩及火山岩,经长期内外应力作用,网状风化裂隙发育,地下水补给条件好,埋藏分布风化裂隙水,水位埋深变化大。变质岩、火山岩风化带厚度为 5~20 m,花岗岩风化带厚度为 20~50 m,另外风化带厚度一般由分水岭向河谷方向呈现从大到小的变化规律。地下水径流模数从 3~6 L/(s·km^2) 减少到小于 1 L/(s·km^2)。

(2) 构造裂隙水

广大基岩山丘区的花岗岩、火山岩、变质岩,在长期地质作用下,特别是在构造应力作用下,形成了性质不同、规模不等的断裂,组成了不同形式的蓄水构造。特别是构造复合部位或断裂密集地带,裂隙发育,分布断层脉状水,由于裂隙连通性好,导水性及储水条件比较优越,往往形成富水地带。一般张性、张扭性断裂带,断层复合或交叉部位,水量比较丰富,勃利、大青山一带单井涌水量为 500~1 000 m^3/d,分布在断裂带上的泉水流量可达 86.4 m^3/d。

(3) 玄武岩洞隙裂隙水

山丘区玄武岩分布较广泛,逊克县南部、穆棱市东部以及镜泊湖、五大连池等地比较集中。玄武岩柱状节理及孔洞和裂隙形成洞裂隙,裂隙深度一般小于 25 m。单井涌水量 <1 000 m^3/d。

2.2.2 平原区水文地质条件

黑龙江省平原区广泛分布、埋藏第四系松散岩类孔隙潜水。松嫩平原及哈尔滨、绥化等地区分布、埋藏第四系松散岩类孔隙承压水,三江低平原区东部分布、埋藏第四系松散岩类孔隙弱承压水,松嫩平原及三江平原底部广泛分布、埋藏碎屑岩类孔隙裂隙承压水。

(1) 松散岩类孔隙潜水

松散岩类孔隙潜水主要分布于松嫩平原以及三江低平原区西部及穆棱河—兴凯湖低平原区。含水层岩性主要为砂及砂砾石,局部为砂卵石。

松嫩平原含水层厚度为 10～60 m,三江低平原区含水层厚度为 20～260 m,穆棱河—兴凯湖低平原区含水层厚度为 20～150 m,地下水埋深多为 2～4 m,局部为 5～10 m,单井涌水量一般为 1 000～3 000 m³/d。

松花江干流河谷以及呼兰河、乌裕尔河、讷漠尔河、蚂蚁河、倭肯河等河谷地带,第四系砂砾石含水层发育。含水层岩性主要为中粗砂和砂砾石,含水层厚度变化大,松花江干流河谷一般为 10～30 m,其余地带一般为 3～20 m,地下水埋深一般小于 3 m,单井涌水量变化较大,松花江干流为 1 000～3 000 m³/d。

逊毕拉河(也称逊河)、黑龙江及牡丹江河谷或山间盆地广泛分布、埋藏第四系砂及砂砾卵石含水层。含水层厚度多在 3～10 m,地下水埋深一般小于 3 m,单井涌水量多在 500 m³/d 左右。

(2) 松散岩类孔隙承压水

松散岩类孔隙承压水分布于松嫩平原中西部广大低平原,在东部高平原也有断续分布。

中更新统孔隙承压水分布于松嫩低平原中西部地区,含水层主要由砂、含砾砂及砂砾石组成。含水层厚度一般为 5～50 m,水位埋深多小于 10 m,局部深 15～30 m。顶板埋深由低平原边缘地区的 20～40 m,增至中心地区的 80 m 左右。分布于东部高平原的含水层由砂、砂砾石组成,北东方向断续分布于海伦、绥化、肇东、双城等地区,构成小型承压水盆地。含水层一般厚 5～40 m,顶板埋深 10～50 m,水位埋深 5～20 m。中更新统孔隙承压水含水介质颗粒较粗,含水层厚度较大,单井涌水量多为 1 000～3 000 m³/d。

下更新统孔隙承压水分布于松嫩平原中西部地区,即大同—安达—依安以西,乌裕尔河以南,甘南—龙江—泰来以东的广大地区。含水介质为砂、砂砾石,胶结较弱,局部与亚黏土互层,含水层厚 10～100 m。顶板埋深 40～140 m,水位埋深 1～10 m,局部深 15～30 m。单井涌水量为 100～3 000 m³/d。

穆棱河—兴凯湖低平原东南部,即兴凯湖北岸地区分布、埋藏砂砾石承压水,含水层厚度为 30～40 m,顶板埋深为 70 m 左右,承压水头为 60～80 m,单井涌水量在 1 000 m³/d 左右。

(3) 松散岩类孔隙弱承压水

松散岩类孔隙弱承压水分布、埋藏于三江平原东部地区,上覆 5～20 m 厚的亚黏土层,含水层岩性为中粗砂、砂砾石,厚度为 50～240 m,承压水头为 6～7 m,形成弱承压水。地下水埋深,挠力河地区为 3 m 左右,其他地区为 4～9 m,单井涌水量为 3 000 m³/d 左右。

(4) 碎屑岩类孔隙裂隙承压水

松嫩低平原普遍分布、埋藏第三系孔隙裂隙承压水,上覆第四系孔隙承压水,两者水力联系比较密切。第三系大安组孔隙裂隙承压水,沿嫩江近南北向呈条带状分布。含水介质为微弱胶结的砂岩、砂砾岩,厚度为 20～40 m,顶板埋深为 40～140 m,水位埋深为 1～10 m,单井涌水量多为 1 000～3 000 m³/d。第三系依安组孔隙裂隙承压水,分布于富裕—齐齐哈尔以东,克山—明水—安达以西,北抵讷谟尔河,南至滨洲铁路。含水介质由粉砂岩、粉细砂岩、中细砂岩组成。泥质微胶结,多较疏松,含水层为多层结构,累计厚度一般为 20～45 m。顶板埋深为 40～280 m,水位埋深一般为 5～25 m,单井涌水量一般为 100～1 000 m³/d。

松嫩高平原及低平原的边缘普遍分布、埋藏白垩系孔隙裂隙承压水,含水介质主要为细砂岩及粉细砂岩,含水层分布广,相对比较稳定,具有层次多、单层厚度小的特点,构成叠加的多层结构。水位埋深变化较大,富水程度不一。

三江低平原及穆棱河—兴凯湖低平原第四系含水层之下,分布、埋藏第三系孔隙裂隙承压水,含水介质为砂岩、砂砾岩,胶结较差。含水层厚度与埋藏深度变化较大,顶板埋深为 30～100 m,含水层厚度为 10～100 m,单井涌水量为 100～1 000 m³/d,局部为 1 000～3 000 m³/d。

另外,逊河平原分布有第三系孔隙裂隙水及白垩系孔隙裂隙水。

2.3 河流水系[①]

黑龙江省水资源丰富,全省多年平均水资源总量为 $807.81×10^8$ m³。

---

① 本书所涉河流和湖泊数据为黑龙江省第一次水利普查所得数据。

其中,地表水资源量为 667.50×10^8 m³,地下水资源量为 303.63×10^8 m³,地下水可开采量为 178.44×10^8 m³,地下水与地表水之间不重复计算量为 140.31×10^8 m³。全省多年平均年降水量为 531.8 mm,多年平均径流深为 147.5 mm。人均拥有本地水资源量 2 120 m³,与全国水平基本相当,是北方平均水平的 2.5 倍,此外,还有松花江、嫩江入省水资源量及黑龙江、乌苏里江和兴凯湖等丰富的国际界江界湖水资源量。

黑龙江省境内水系发育,河流纵横,流域面积在 50 km² 及以上的河流有 2 881 条,其中 1 000 km² 及以上河流 119 条。常年水面面积 1.0 km² 及以上的湖泊有 253 个,水面总面积 3 037 km²(不含跨国界湖泊境外面积)。较大的有兴凯湖、镜泊湖和五大连池。

黑龙江省境内河流分属黑龙江和绥芬河两大流域,进一步细分为松花江、黑龙江、乌苏里江和绥芬河 4 大水系。其中,黑龙江、乌苏里江为中俄界河,绥芬河为出境河流。

2.3.1 嫩江

嫩江干流在嫩江市以上为山区性河流,流经山区丘陵地带,河谷狭窄,坡度较陡。嫩江自内蒙古莫力达瓦达斡尔族自治旗以下逐渐进入平原区,齐齐哈尔市以上河段河道陡峻,比降约为 2‰~10‰,为单一河槽。齐齐哈尔市以下河段河道较缓,比降约为 0.04‰~0.1‰,主槽水面宽一般为 300~400 m,水深 3~5 m,河道弯曲系数 1.08。河流蜿蜒曲折,在同盟以下江段分布有沙洲、汊河,河道多呈网状,滩地宽阔,滩地上广泛分布着牛轭湖和湿地。右岸支流较多,左岸支流较少。右岸从上至下汇入的较大支流有多布库尔河、甘河、诺敏河、阿伦河、雅鲁河、绰尔河、洮儿河以及霍林河等河流,左岸较大支流有门鲁河、科洛河、讷谟尔河、乌裕尔河等河流。流域面积超过 1 000 km² 的一级支流有 18 条,其中流域面积超过 1 万 km² 的有 8 条,分别是甘河、讷谟尔河、乌裕尔河、雅鲁河、绰尔河、诺敏河、洮儿河、霍林河。

2.3.2 松花江

松花江为黑龙江右岸的最大支流,是中国七大江河之一。松花江有南北两源,北源为嫩江,发源于伊勒呼里山,主要支流有科洛河、讷谟尔河、乌裕尔河、诺敏河、雅鲁河和绰尔河等。南源为第二松花江,发源于长白山天池,由南向北与嫩江在吉林省松原市三岔河镇汇合后称松花江。松花江流经黑龙江省、吉林省,于黑龙江省同江市注入黑龙江。松花江干流大部分流经平原,河岸低平,河面宽广,较大支流有拉林河、呼兰河、蚂蚁河、牡丹江、倭肯河、汤旺河等。松花江流域面积 55.45×10^4 km²,其中嫩江流域面积 29.35×10^4 km²,第二松花江流域面积 7.34×10^4 km²,松花江干流区流域面积 18.76×10^4 km²,松花江在黑龙江省内流域面积为 26.86×10^4 km²,以北源嫩江为源头,松花江总长度为 2 309 km,其中,上段嫩江长 1 370 km,下段松花江干流长 939 km。

2.3.3　乌苏里江

乌苏里江是黑龙江右岸的较大支流之一,为国际界河。乌苏里江上源为俄罗斯境内的乌拉河,发源于锡霍特山脉西麓,刀毕河汇入后,由南向北流至黑龙江省虎林市八五八农场南,松阿察河汇入后始称乌苏里江。河流流经黑龙江省虎林、饶河、抚远等市、县,在俄罗斯境内哈巴罗夫斯克(伯力)附近注入黑龙江。乌拉河长 398 km,乌苏里江界河段长 492 km,全河长 890 km,总流域面积 18.70×10^4 km²。乌苏里江自上而下较大的支流有中俄界河松阿察河和我国境内的穆棱河、七虎林河、阿布沁河、挠力河、别拉洪河等。

2.3.4　黑龙江干流

黑龙江是世界著名的十大江河之一,总流域面积 185.5×10^4 km²。有南北两源,北源为发源于蒙古国境内的肯特山东麓,流经俄罗斯境内的石勒喀河。南源为发源于我国境内大兴安岭西坡的额尔古纳河,额尔古纳河上源为海拉尔河。额尔古纳河与石勒喀河在内蒙古自治区额尔古纳市的恩和哈达镇汇合后始称黑龙江干流,在俄罗斯境内尼古拉耶夫斯克(庙街)附近注入鄂霍次克海的鞑靼海峡。如以石勒喀河为源头,黑龙江全长 4 416 km;以海拉尔河为源头,黑龙江全长 4 444 km;干流全长 2 833 km。黑龙江在我国境内流域面积为 90.24×10^4 km²,干流区面积为 $23.41 \times$

10^4 km², 在黑龙江省内面积为 $11.71×10^4$ km²。较大支流：右岸有额木尔河、呼玛河、逊毕拉河、松花江、乌苏里江，均在黑龙江省境内。左岸有结雅河(精奇里江)、布列亚河(牛满江)、通古斯卡河和阿姆贡河(亨滚河)等，在俄罗斯境内。其中额尔古纳河、石勒喀河、松花江、乌苏里江、结雅河(精奇里江)流域面积均超过 $10×10^4$ km²。

2.3.5 绥芬河

绥芬河发源于吉林省延边朝鲜族自治州汪清县东南部盘岭山脉北麓，出源后由南向北流经汪清县的复兴、罗子沟两镇后转向东流，进入黑龙江省东宁市境内，过罗家店转向东北经道河镇进入洞庭峡谷，过通沟后入东宁镇，于新立村东侧流入俄罗斯境内后转向东南流，在乌苏里斯克(双城子)又转向南流，在符拉迪沃斯托克(海参崴)市附近注入日本海的阿穆尔湾。河流全长 443 km，流域面积 17 321 km²。其中中国境内河长 258 km，流域面积 10 059 km²。绥芬河在我国境内的主要支流，左岸有罗子沟、黄泥河、小绥芬河等，右岸有老黑山河、瑚布图河等。

2.3.6 讷谟尔河

讷谟尔河是嫩江左岸较大支流之一，发源于北安市小兴安岭西南坡佛仑山岭，河源高程 410 m，河口高程 177 m。流经北安市、五大连池市、克山县、讷河市，于讷河市讷河镇汇入嫩江。全长 498 km，流域面积 13 851 km²，位于黑龙江省西部。

讷谟尔河左岸主要支流有王老好河、长水河、温查尔河等；右岸支流有土鲁木河、二道河、引龙河、石龙河、南阳河及老莱河等。著名的五大连池风景区位于支流石龙河。

2.3.7 呼兰河

呼兰河流经黑龙江省中部，发源于小兴安岭西侧铁力市境内炉吹山，河源海拔 580 m，干流长 506 km，干支流总长 6 748 km。干流自河源由东向西流，左岸纳入小呼兰河、安邦河、拉林清河、格木克河；右岸纳入依吉密河、欧根河、墨尔根河、努敏河等，至通江镇与自北向南来的最大支流通肯河汇合后折向南流,下游又有泥河汇入。流经铁力、庆安、绥化、兰西、呼兰等13个市、县、区,在哈尔滨市东北部汇入松花江。流域面积35 683 km²,其中山岗地面积4 084 km²,占11%;坡地面积14 587 km²,占41%;平洼地面积17 012 km²,占48%。

呼兰河为一扇形枝状河系,地势东北高、西南低,流域内最高海拔1 350 m。干流自依吉密河汇流点以上为山丘区,小兴安岭主峰连绵,海拔近1 000 m,河道比降为2‰。中游左右岸有较多支流汇入,两岸为小兴安岭之余脉及丘陵地带,海拔在140~200 m,河道比降为0.25‰~0.33‰,河道两侧形成较宽阔的洪洼区,并多为耕地。泥河以下河道蜿蜒曲折,泡沼增多,下游河滩宽阔,一般水面宽都在3 000 m以上,多沼泽、洼地,河槽调蓄作用明显,对洪峰调节作用较大。

呼兰河的最大支流为通肯河,其次为努敏河。通肯河流域面积10 305 km²,发源于海伦市的布伦山,海拔高程为400 m,通肯河全长372 km。努敏河流域面积5 428 km²,发源于小兴安岭南侧,绥棱县东北部山地,海拔高程为480 m,努敏河全长305 km。

呼兰河及其支流通肯河、努敏河等河流的左岸滩地一般较为宽阔,地势低平,右岸滩地则很狭窄,滩地以上多为二阶台地,地势起伏变化较大。呼兰河流域的洪涝灾害严重地区主要位于河流左岸。

2.3.8 倭肯河

倭肯河全长326 km,流域面积11 013 km²。倭肯河流域形状呈阔叶形,最大宽度为110 km,平均宽度为71 km,流域不对称系数为0.38。倭肯河河道蜿蜒曲折,弯曲系数在1.30~3.80,平均比降为0.7‰。倭肯河主槽两岸为砂壤土,抗冲能力弱,弯道冲刷严重,洪水涨落对河床冲淤变化的影响较大,凹岸顶冲点冲刷崩退,凸岸淤积发展。倭肯河为宽浅河道,主槽呈"U"形,宽度在20~180 m,河槽深2~5 m,河床上游窄、下游宽,由卵石、细砂、亚砂土组成。水流呈先由东北流向西南、自桃山再转向西北的流向。倭肯河流域东临挠力河,西南为牡丹江、乌斯浑河,南为穆棱河,西北接松花江。按河谷地貌及区域状况,倭肯河分为上游、中游、下游三段:①河源至七台河市红鲜村为上游,主槽河宽10~40 m,平均坡降约3‰。②红鲜村至安兴水库为中游,主槽河宽30～80 m,平均坡降约0.6‰。③安兴水库以下为下游,主槽河宽80～180 m,平均坡降约0.5‰。

倭肯河水系呈偏羽毛状分布,河网密集系数为0.21。山地丘陵区河谷狭窄,呈"V"字形,进入丘陵区后河谷稍开阔,呈"U"字形,河滩宽约2 km。干支流上游属山区性河流,汇流快,流速大;中下游属平原弯曲性河流,滩宽河窄,调蓄能力大,流速小。流域面积大于1 000 km² 支流共2条,即右岸的七虎力河和八虎力河;流域面积200～500 km² 的支流共11条,左岸有茄子河、七台河、窝棚河、小五站河、碾子河、连珠河、吉兴河、双河,右岸有金沙河、挖金别河、松木河;流域面积50～200 km² 的支流有12条以上,还有较多小溪、泡沼、坑塘等。

2.3.9 汤旺河

汤旺河是松花江左岸的一级支流,发源于伊春市境内的小兴安岭南麓,源头分为东汤旺河和西汤旺河两支。两河在汤旺河区上游汇合后称汤旺河干流,由北向南流经伊春市和佳木斯市,于汤原县城南约5 km的新发村附近汇入松花江,流域总面积20 778 km²,水资源总量为56.34×10⁸ m³,其中地表水资源量为55.44×10⁸ m³,干流全长454 km。按自然条件及水资源特点,汤旺河干流可分为上、中、下游三段。伊春市伊春区以上为上游段,伊春区以下至浩良河镇为中游段,浩良河镇以下为下游段。

汤旺河流域北部以小兴安岭为界与黑龙江右岸支流分水,西与呼兰河为邻,东与梧桐河相邻,南接松花江干流。流域两侧支流发育不均衡,右侧支流发育较好。较大支流为右岸的伊春河及西南岔河,流域面积分别为2 471 km²和2 753 km²,也是本流域的降雨径流高值区;其次是左岸的五道库河及大丰河,流域面积分别为1 773 km²和1 094 km²。

2.3.10 穆棱河

穆棱河系乌苏里江支流,发源于老爷岭山脉窝集岭。老爷岭山脉原是原始大森林(当地称为窝集),河流源出于大森林,故文献记载穆棱河发源于窝集岭。源头的确切位置在窝集岭北坡,海拔高程773 m处,在共和乡西南225 km。穆棱河上游流经崇山峻岭,下游流经广袤平原,自西南流向东北,流经穆棱、鸡西、鸡东、密山、虎林5个市、县,在虎头镇南注入乌苏里江。在穆棱市,穆棱河上游河段长223.5 km,从南到北纵贯全县中部,占全县径流总面积的95%,由源头到县城八面通,河水下降515 m,上游坡陡流急,平均比降为2.5‰,进入八面通平原以后,水流变缓,比降为1.25‰左右。穆棱河自源头以下叫主沟,自源头流向东南,到十六号坝始折向北,过头道沟以后始称穆棱河。穆棱河出共和盆地沿西部山麓向北流入牛心山,左侧有牛心河汇入,由此往北河谷逐渐变窄,到狮子桥后河谷更窄,河道迂回曲折,两岸有峭壁。北行右侧有大支流荒草沟河和老松沟河汇入,折向西进入泉眼河盆地。穆棱河在泉眼河盆地北面有3条小河汇入,南面有泉眼河汇入,河床展宽达20 m。盆地有一峡谷,是理想的水库坝址。穆棱河自泉眼河盆地蜿蜒流向西北方,经前后腰岭子、蜂子窝进入三岔平原。三岔平原地势开阔,是穆棱市开发最早的地区。大小石头河自西南而来在此汇入穆棱河,大石头河是穆棱河在穆棱市境内最大支流,因此穆棱河在此增加了流量,河床宽增为50 m左右,水深达1 m。

穆棱河流经穆棱市、密山市、鸡西市区、鸡东县至虎林市湖北闸,然后一部分水经穆兴水路进入小兴凯湖,另一部分水进入乌苏里江。河流全长834 km,流域面积18 136 km²,河宽60～100 m。流域内山岗地面积占总面积的55.5%,平洼地占20%,坡地占24.5%。地形由西向东倾斜。流域形状呈长茄子形,东西长而南北狭。

穆棱河主要支流有杨木桥河、大石头河、马桥河、雷锋河、梁子河、小穆棱河、滴道河、黄泥河、哈达河、塔头湖河及裴德河等,流域面积均不超过2 000 km²。其中较大支流有黄泥河、裴德河等。

2.3.11 挠力河

挠力河全长609 km,流域面积22 495 km²,为乌苏里江支流,发源于那丹哈达岭,黑龙江省七台河市东南部,自西南流向东北,在饶河县东安镇汇入乌苏里江。

挠力河干流沿途接纳大小支流30余条。流域面积大于300 km²的支流共10条:左岸的外七星河、七星河、宝石河,右岸的宝密河、大色金别拉河、小索伦河、大索伦河、蛤蟆通河、宝清河、七里沁河。流域面积100～

300 km² 的支流有：左岸的大泥鳅河等，右岸的珠山河、大主河、大佳河、小佳河。

黑龙江省主要河流的特征见表 2-1。

表 2-1　黑龙江省主要河流的特征表

河流名称	省内面积（km²）	河长（km）	发源地	主要支流名称
黑龙江	117 100	4 416	北源发源于蒙古国境内肯特山东麓，南源发源于大兴安岭西坡	松花江、乌苏里江、呼玛河、额木尔河
松花江	268 600	2 309	黑龙江省大兴安岭伊勒呼里山中段南侧	牡丹江、汤旺河、呼兰河、倭肯河、拉林河
嫩江	103 018	1 542	大兴安岭支脉伊勒呼里山	甘河、讷谟尔河、诺敏河、雅鲁河、乌裕尔河、绰尔河
乌苏里江	59 785	890	俄罗斯境内锡霍特山脉西麓	穆棱河、挠力河、七虎林河、阿布沁河
绥芬河	7 609	443	吉林省汪清县东南部盘岭山脉北麓	黄泥河、小绥芬河、老黑山河、瑚布图河
讷谟尔河	13 851	498	黑龙江省北安市小兴安岭西南坡佛仑山岭	老莱河、引龙河、石龙河、南阳河
呼兰河	35 683	506	黑龙江省铁力市桃山县炉吹山	努敏河、通肯河、克音河、泥河
倭肯河	11 013	326	完达山脉阿尔哈山	八虎力河、七虎力河、松木河
汤旺河	20 778	454	黑龙江省伊春市境内小兴安岭南麓	东汤旺河、西汤旺河、五道库河、友好河、伊春河
穆棱河	18 136	834	老爷岭山脉窝集岭北坡	大石头河、裴德河、哈达河
挠力河	22 495	609	黑龙江省七台河市那丹哈达岭	七星河、外七星河、蛤蟆通河

2.3.12　兴凯湖

兴凯湖系中俄两国界湖，位于黑龙江省密山市区东南 50 km，是我国边境地区最大的淡水湖，分为大、小兴凯湖。大兴凯湖现为中俄界湖，总面积 4 380 km²。湖面上以松阿察河口与白棱河口两点间连线为界，北部约 1 080 km² 属中国，南部属俄罗斯，湖界长 70 km。小兴凯湖为我国内陆湖，又名达布库湖，面积为 170 km²。穆棱河水在湖北闸入穆兴分洪道经东北泡子注入小兴凯湖,小兴凯湖水经兴凯湖第一、二泄洪闸调节后泄入大兴凯湖。

大兴凯湖主要接纳穆棱河、白棱河、新图河、塔赫列日河、毛河、斯帕索夫卡河、格里亚努哈河、大乌萨奇河、小乌萨奇河等河流的来水。

近几年,由于来水较大,泄流量超过龙王庙出口站和芦苇放水闸泄流能力,兴凯湖水量增加较大,水位有逐年增高趋势,2015年水位达到有观测记录以来最高水位。由于水位上涨,湖水倒灌,中方和俄方不同程度地受淹。

2.3.13 镜泊湖

镜泊湖位于黑龙江省宁安市境内,距宁安市区约 50 km,是由全新世火山爆发,玄武岩流堵塞牡丹江而形成的火山堰塞湖。东岸为老爷岭,西岸为张广才岭,东西两面分别接纳石头河和尔站河水量;湖南端与牡丹江上游连接,有松乙河、房身沟河和大、小夹吉河汇入;镜泊湖湖盆狭长如带,湖岸多弯曲,南北长 45 km,东西最宽处 6 000 m,最窄处 300 m,一般宽度在 500~1 000 m,湖面海拔高程 351 m。湖的北端出口处筑有堤坝,建有镜泊湖水电站,多年平均水面面积 79.3 km^2,对应蓄水量 16×10^8 m^3。湖水主要依赖地表径流和湖面降水补给,入湖大小河流 30 余条,坝址以上集水面积 11 820 km^2。镜泊湖水量下泄入牡丹江,出口下游水流深切玄武岩层中,形成落差超过 20 m 的"吊水楼"瀑布。

2.3.14 五大连池

五大连池坐落在五大连池市药泉山下,系老黑山和火烧山火山爆发喷出的玄武岩流堵塞讷谟尔河支流石龙河而形成的堰塞湖,处于 14 座火山群的中心。五大连池由石龙河所贯穿的 5 个池(头池、二池、三池、四池、五池)相连而成,由北向南呈串珠状,五池地势最高,池水从五池依次流入四池、三池、二池,最后经头池注入石头河后汇入讷谟尔河。五个池子总面积达 40 km^2,储水总容积为 1.05×10^8 m^3,平均水深 4.59 m。

近年来,水土流失加剧了污染物和泥沙在五大连池的沉积,尤其在入湖口和湖湾地区尤为明显,根据调查,五池池底存在一定程度的淤积。由于农田面积不断扩大,林木植被覆盖率下降,土壤涵养水源能力降低,流域内水土流失加剧,尤其是区域耕地受降雨淋蚀和地表漫流冲蚀,形成大小不等的水冲沟,流失的营养经冲沟入湖。根据调查,三池、五池存在湖岸坍塌现象,且近年来有加重趋势。

2.4 水文气候

黑龙江省地处北半球中纬度欧亚大陆的东部,属于中温带大陆性季风气候区。气候特点是春季多风,少雨干旱;夏季短促,高温多雨;秋季降温急剧,常有霜冻发生;冬季漫长,严寒干燥。多年平均气温变化范围为-2~6℃,最冷月份(1月)平均气温-18.6℃,极端最低气温为-52.3℃,出现在北部漠河,最热月份(7月)平均气温21.5℃,极端最高气温达41.6℃。

全省多年平均风速2.75 m/s,最大风速3.30 m/s。全年无霜期全省平均为100~150 d,东部和南部在140~150 d,平原多于山地,南部多于北部。年日照时数一般在2 300~2 700 h,总的趋势是由西南向东北逐渐减弱。河流冻结日期在10月上旬至11月中旬,解冻日期在4月中下旬。表层冻结时间约170~190 d。冻结层平均最大深度,大小兴安岭地区大于2.5 m,松嫩平原、三江平原及东部山地为2.0~2.5 m,南部的哈尔滨至牡丹江一带为1.8~2.0 m。

黑龙江省多年冻土主要分布在西北部的大小兴安岭地区,属欧亚大陆高纬度冻土区的南部边缘。省内片状连续多年冻土区面积约$3×10^4$ km²,多年冻土厚度可达80~110 m,最大可达133.3 m。省内岛状融区多年冻土区面积$2×10^4$ km²,冻土厚度一般为20~50 m,岛状多年冻土区面积为$10×10^4$ km²,冻土厚度一般为5~10 m,北部最厚达20 m。

黑龙江省多年平均降水量531.8 mm,年降水量分布在400~800 mm。最大年平均降雨量为701.2 mm,出现在2013年;最小为410.8 mm,出现在1976年。地区分布总趋势为:山区大,平原区小;中、南部大,东部次之,西、北部小。6—9月4个月降水量占全年降水量的60%~80%,其他8个月占20%~40%。黑龙江省多年平均年水面蒸发量为650.8 mm,变化区间为

500～1 000 mm，在地域分布上表现为平原区较大、山丘区偏小，蒸发量年内分配主要集中在 6—9 月，约占全年蒸发量的 50%～65%，其他 8 个月占 35%～50%。

2.5 水利工程

2020 年全省已建成大中型水库 129 座，设计总库容 $252.88×10^8$ m^3，年末蓄水量为 $153.87×10^8$ m^3。其中，大型水库 28 座，设计总库容 $217.72×10^8$ m^3，年末蓄水量为 $132.47×10^8$ m^3；中型水库 101 座，设计总库容 $35.16×10^8$ m^3，年末蓄水量为 $21.40×10^8$ m^3。黑龙江省大、中型水库主要特征值见表 2-2。

表 2-2　黑龙江省现状大、中型水库主要特征值

水库类型	序号	所在地市	水库名称	集水面积（km^2）	兴利库容（10^4 m^3）
大型水库	1	齐齐哈尔市	尼尔基水利枢纽	66 382	596 800
	2	牡丹江市	镜泊湖水库	11 820	94 400
	3	牡丹江市	莲花水电站	30 200	149 000
	4	哈尔滨市	西泉眼水库	1 151	24 500
	5	哈尔滨市	磨盘山水库	1 151	32 300
	6	哈尔滨市	龙凤山水库	1 740	14 300
	7	黑河市	象山水库	1 972	19 000
	8	黑河市	西沟水库	1 668	12 075
	9	黑河市	山口水库	3 745	43 000
	10	黑河市	库尔滨水库	2 044	16 037
	11	鸡西市	青年水库	1 138	18 400
	12	佳木斯市	向阳山水库	899	7 200
	13	牡丹江市	桦树川水库	505	8 470
	14	牡丹江市	团结水库	445	4 550
	15	齐齐哈尔市	双阳河水库	2 241	4 940

(续表)

水库类型	序号	所在地市	水库名称	集水面积（km²）	兴利库容（10⁴ m³）
大型水库	16	齐齐哈尔市	音河水库	1 660	14 700
	17	绥化市	红旗泡水库	35	10 570
	18	绥化市	泥河水库	1 515	6 200
	19	绥化市	东方红水库	522	7 230
	20	伊春市	西山水库	1 613	6 500
	21	大兴安岭地区	桃源峰水库	1 062	12 150
	22	大庆市	东升水库	13 500	7 000
	23	双鸭山市	龙头桥水库	1 730	32 480
	24	七台河市	桃山水库	2 043	9 800
	25	大庆市	南引水库	270	29 900
	26	农垦总局	太平湖水库	683	6 700
	27	农垦总局	蛤蟆通水库	476	7 673
	28	大庆市	大庆水库	60	14 050
合计					1 209 925
中型水库	1	哈尔滨市	双凤水库	175	1 990
	2	哈尔滨市	双龙水库	185	2 548
	3	哈尔滨市	河东水库	33	556
	4	哈尔滨市	三股流水库	73	630
	5	哈尔滨市	黑龙宫水库	118	1 280
	6	哈尔滨市	江湾水库	120	1 754
	7	哈尔滨市	丰农水库	915	880
	8	哈尔滨市	东风水库	74	763
	9	哈尔滨市	二龙山水库	275.5	6 480
	10	哈尔滨市	石人沟水库	540	3 872
	11	哈尔滨市	红星水库	114.8	1 635
	12	哈尔滨市	关门山水库	190	2 985
	13	哈尔滨市	新城水库	99	2 261

(续表)

水库类型	序号	所在地市	水库名称	集水面积（km²）	兴利库容（10⁴ m³）
中型水库	14	哈尔滨市	香磨山水库	388	7 145
	15	哈尔滨市	白杨木水库	281	3 900
	16	哈尔滨市	永发水库	406.8	2 820
	17	哈尔滨市	新立水库	83	1 251.1
	18	哈尔滨市	安兴水库	152	450
	19	齐齐哈尔市	南湖水库	330	2 428
	20	齐齐哈尔市	玉岗水库	107	1 389
	21	齐齐哈尔市	宏胜水库	211	3 114
	22	齐齐哈尔市	跃进水库	73.4	2 800
	23	齐齐哈尔市	上游水库	416	1 680
	24	齐齐哈尔市	阳春水库	125	634
	25	齐齐哈尔市	四方山水库	325	1 500
	26	齐齐哈尔市	宏伟水库	174	1 860
	27	齐齐哈尔市	三道镇水库	315	2 469
	28	齐齐哈尔市	沟口水库	105	790
	29	齐齐哈尔市	龙江湖水库	167	258
	30	齐齐哈尔市	瓮泉水库	126.4	1 230
	31	牡丹江市	小龙爪水库	84	1 140
	32	牡丹江市	亮子河水库	179.5	1 138
	33	牡丹江市	卧龙河水库	120	1 120
	34	牡丹江市	五花山水库	746	6 667
	35	牡丹江市	九佛沟水库	80	616.4
	36	牡丹江市	东升水库	8 105	2 867
	37	佳木斯市	共和水库	167.7	2 890
	38	佳木斯市	四丰山水库	88	620
	39	佳木斯市	云峰水库	19 511	466
	40	大庆市	东城水库	19.13	4 637

(续表)

水库类型	序号	所在地市	水库名称	集水面积（km²）	兴利库容（10⁴ m³）
中型水库	41	大庆市	八一水库	855.6	377
	42	鹤岗市	五号水库	175	1 960
	43	鹤岗市	小鹤立河水库	183	4 800
	44	鹤岗市	细鳞河水库	564	2 198
	45	黑河市	富地营子水库	511	7 395
	46	黑河市	卧牛湖水库	285	1 523
	47	黑河市	宋集屯水库	295	825
	48	黑河市	二门山水库	849	2 980
	49	黑河市	乌一水库	3 155	438
	50	黑河市	宝山水库	2 389	420
	51	黑河市	闹龙河水库	349	7 870
	52	黑河市	先锋水库	118	1 015
	53	黑河市	民兵水库	104	567
	54	黑河市	白云水库	54	55.7
	55	鸡西市	哈达河水库	282	4 831
	56	鸡西市	团山子水库	559	3 592
	57	鸡西市	大西南岔水库	158.5	2 078
	58	鸡西市	石头河水库	132	1 151.5
	59	鸡西市	八楞山水库	615	8 300
	60	鸡西市	半截河水库	106	1 315
	61	七台河市	互助水库	184.5	1 052
	62	七台河市	吉兴河水库	86	680
	63	七台河市	九龙水库	90.6	4 490
	64	七台河市	汪清水库	185	4 524
	65	双鸭山市	寒葱沟水库	182.3	7 587
	66	绥化市	东湖水库	808	723
	67	绥化市	联丰水库	961	3 680

（续表）

水库类型	序号	所在地市	水库名称	集水面积（km²）	兴利库容（10⁴ m³）
中型水库	68	绥化市	东边水库	214	2 510
	69	绥化市	星火水库	65	585
	70	绥化市	燎原水库	101	786
	71	绥化市	柳河水库	165	3 282
	72	绥化市	红旗水库	70	490
	73	绥化市	向阳水库	7.75	980
	74	绥化市	卫星水库	80	1 633
	75	绥化市	山头芦水库	367	1 637
	76	绥化市	平原水库	640	465
	77	绥化市	爱国水库	113	526
	78	绥化市	繁华水库	175	415
	79	绥化市	胜利水库	295	1 930
	80	绥化市	解放水库	76	641
	81	绥化市	幸福水库	30	1 250
	82	绥化市	津河水库	90	680
	83	大兴安岭地区	古里水库	278	862
	84	农垦总局	双峰水库	42	510
	85	农垦总局	云山水库	267	3 442
	86	农垦总局	红星水库	122	362
	87	农垦总局	青山水库	16	3 040
	88	农垦总局	工农水库	77.9	1 323
	89	农垦总局	青石岭水库	101.5	720
	90	农垦总局	跃进水库	155.6	2 018
	91	农垦总局	炮台山水库	53	435
	92	农垦总局	三七水库	58.1	830
	93	农垦总局	襄河水库	93.5	650
	94	农垦总局	青年水库	240	2 296

(续表)

水库类型	序号	所在地市	水库名称	集水面积（km²）	兴利库容（10⁴ m³）
中型水库	95	农垦总局	南阳河水库	112	769
	96	农垦总局	东风水库	235	1 227
	97	农垦总局	西江水库	107	657
	98	农垦总局	大索伦水库	130	630
	99	农垦总局	尖山水库	105	549.1
	100	农垦总局	清河水库	258	1 150
	101	监狱局	笔架山水库	180	2 627
合计					203 847.8

2.6 社会经济状况

2020年黑龙江省总人口$3\,171\times10^4$人，其中城镇人口$2\,080.2\times10^4$人，农村人口$1\,090.8\times10^4$人，常住人口城镇化率65.6%。

2020年地区生产总值（GDP）为$13\,698.5\times10^8$元，其中，第一产业增加值为$3\,438.3\times10^8$元，第二产业增加值为$3\,483.5\times10^8$元，第三产业增加值为$6\,776.7\times10^8$元。

2020年全省总灌溉面积$6\,199.0\times10^3\,\text{hm}^2$，有效灌溉面积$6\,171.6\times10^3\,\text{hm}^2$，实际灌溉面积$4\,584.1\times10^3\,\text{hm}^2$。

3

水资源量及其开发利用

3.1 水资源量分析计算

3.1.1 地表水资源量

3.1.1.1 分析方法

本节在单站逐年天然河川径流量统计分析基础上,分析各站点多年平均径流量,绘制流域多年平均径流深等值线,采用等值线法量算流域多年平均地表水资源量。

3.1.1.2 还原水量的调查、统计情况

人类经济活动改变了河川径流的天然情况。河川径流成果应当基本反映天然情况,其资料系列也应具有一致性,以便于采用数理统计方法进行统计参数的计算,因此,需对受水利工程影响而损耗或增加的水量进行还原计算。

水量还原的精度取决于水量调查工作的精度。水量调查是一项工作量大、复杂且涉及面广的工作。本次调查将对水文站控制面积内的各种地表用水量、用水损失量、水库蓄水量以及引调水量等进行分类统计。用水量分为农业用水量、工业用水量、生活用水量、人工生态环境补水量。在用水量调查时,结合《黑龙江省用水总量统计技术方案》开展工作,按用水户类别建立用水户名录。根据用水户名录,调查用户用水量。用水户名录中,分为重点用水户、非重点用水户。以乡、镇、街道为单位,用典型样本确定的用水定额推算用水户的用水量。典型样本选取方法按照《黑龙江省用水总量统计技术方案》要求进行。

本次调查采用的还原方法为分项调查法。还原计算的主要项目包括：农业灌溉、工业及生活用水、生态用水的耗损量（含蒸发消耗和渗漏损失），跨流域引入、引出水量，水库蓄水变量等。

$$W_{天然} = W_{实测} + W_{农灌} + W_{工业及生活} + W_{生态耗水} \pm W_{引水} \pm W_{库蓄}$$

式中：$W_{天然}$——还原后的天然径流量；

$W_{实测}$——水文站实测径流量；

$W_{农灌}$——农业灌溉耗损量；

$W_{工业及生活}$——工业及生活用水耗损量；

$W_{生态耗水}$——生态用水耗损量；

$W_{引水}$——跨流域（或跨区间）引水量，引出为正，引入为负；

$W_{库蓄}$——大中型水库蓄水变量，增加为正，减少为负。

(1) 农业灌溉耗损量的计算方法

农业灌溉地表水用水量占全省地表水用水量的80%以上，灌溉耗损水量大，是还原计算的重点。

在进行灌溉水量还原之前，必须厘清水文站以上用水水源、用水区域、回归水之间的关系和相对位置，来判别应还原的水量。

① 灌区有引水资料或回归系数时，灌溉耗损量用下式计算：

$$W_{耗损} = W_{引水} - W_{回归}$$

式中：$W_{耗损}$——灌溉耗损量；

$W_{回归}$——回归水量。

② 灌区没有回归系数时，用净灌溉水量近似作为灌溉耗水量，即

$$W_{耗损} = M_{净} \cdot F$$

式中：$M_{净}$——亩均净灌溉用水量；

F——灌溉面积。

③ 如果回归水回归到水文站以下河段，还原水量近似为灌溉引水量，即

$$W_{耗损} = W_{引水} = M_{毛} \cdot F$$

式中：$M_毛$——亩均毛灌溉用水量。

灌溉定额的确定：根据黑龙江省典型水田灌溉实验站资料以及典型河流每年农业用水总量及定额，按照不同水源条件、不同作物组成、土壤干湿程度、不同自然地理和社会经济条件等，从宏观上考虑地貌特征和作物赖以生存的水、热条件，并兼顾流域内各县、市行政区界定及农业灌溉的布局、现状和发展方向的完整性，确定每个水文站控制灌溉范围内的农业定额。

④ 灌溉面积

本次水量调查收集的当年实际灌溉面积以各市县调查的实际结果为参考，以黑龙江省水利厅刊布的《黑龙江省水利统计年鉴》中各灌区面积为基础。对于出入较大的灌区，进行实地调查与处理。

⑤ 渠系利用系数

渠系利用系数是反映渠系渗漏、蒸发损失量的综合指标，它是计算灌溉水量的重要参数之一。对于有资料地区可参照灌区实际调查数据，无资料地区可根据灌区面积大小进行判断，农业水田渠系利用系数大约为 0.6～0.7，旱田渠系利用系数为 1.0。

（2）工业用水、城镇生活用水耗损量的计算

工业用水耗损量和城镇生活用水耗损量不大，工业用水耗损系数为 0.30～0.50，生活用水耗损量只占用水量的 20%～40%，所以工业和城镇生活用水耗损量占年径流的比重较小。

（3）水库蓄水变量的估算

根据年末与年初蓄水量的差值，可求得水库蓄水变量。一般中型水库只有汛期有实测流量、水位资料，非汛期水库蓄水变量不大，可只计算汛期水库蓄水变量。小型水库不考虑水库蓄水变量。

3.1.1.3　径流深等值线图绘制

根据还原后的水文站多年平均天然河川径流量，绘制出黑龙江省多年平均径流深等值线图。绘制多年平均径流深等值线图遵循的原则如下：

勾绘等值线时，将选取水文站落在水文站控制流域面中心，结合自然地理情况勾绘等值线，先确定主线分布和走向，再根据点据进行勾绘，精度控制在 ±5% 以内。勾绘过程中，既不轻易舍弃点据，又不拘泥于个别点据。

考虑降水量分布的总趋势与水汽来源的关系，应充分注意地理位置、地形、地貌等因素对降水的影响。

等值线底图采用 1∶250 000 行政区界限图层及水资源分区图层，等值线赋值按照《水资源公报编制规程》(GB/T 23598—2009)的要求，绘制多年平均年径流深等值线图。

采用同样的方法还原 2020 年径流量并绘制 2020 年径流深等值线图。

经分析，黑龙江省多年平均地表水资源量为 667.50×10⁸ m³，折合径流深为 147.3 mm。其中，嫩江水资源量为 68.69×10⁸ m³，占全省地表水资源量的 10.3%；松花江（三岔河口以下）水资源量为 305.05×10⁸ m³，占全省地表水资源量的 45.7%；黑龙江干流水资源量为 205.71×10⁸ m³，占全省地表水资源量的 30.8%；乌苏里江水资源量为 75.36×10⁸ m³，占全省地表水资源量的 11.3%；绥芬河水资源量为 12.69×10⁸ m³，占全省地表水资源量的 1.9%。

黑龙江省 2020 年地表水资源量为 1 221.43×10⁸ m³，折合径流深为 269.6 mm。其中，嫩江水资源量为 166.11×10⁸ m³，占全省地表水资源量的 13.6%；松花江（三岔河口以下）水资源量为 590.50×10⁸ m³，占全省地表水资源量的 48.3%；黑龙江干流水资源量为 276.93×10⁸ m³，占全省地表水资源量的 22.7%；乌苏里江水资源量为 167.79×10⁸ m³，占全省地表水资源量的 13.7%；绥芬河水资源量为 20.10×10⁸ m³，占全省地表水资源量的 1.6%[①]。全省水资源二级区地表水资源量分布见图 3-1。

本次调查重点分析的倭肯河、汤旺河、讷谟尔河、挠力河、穆棱河、呼兰河等典型河流中，多年平均地表水资源量最大的是汤旺河，最小的是倭肯河。2020 年地表水资源量最大的是呼兰河，最小的是讷谟尔河，典型河流多年平均及 2020 年地表水资源量分布详见图 3-2。

3.1.1.4 径流变化分析

本节分析典型河流中所选水文站多年平均情况下的径流量年内变化，见表 3-1。该表显示，在天然情况下，汛期径流量占全年径流量的 46.2%～69.6%，其中，菜咀子站汛期径流量占全年径流量的 46.2%，晨明（二）站汛

---

① 本书数据或因四舍五入，存在微小数值偏差。

水资源量及其开发利用

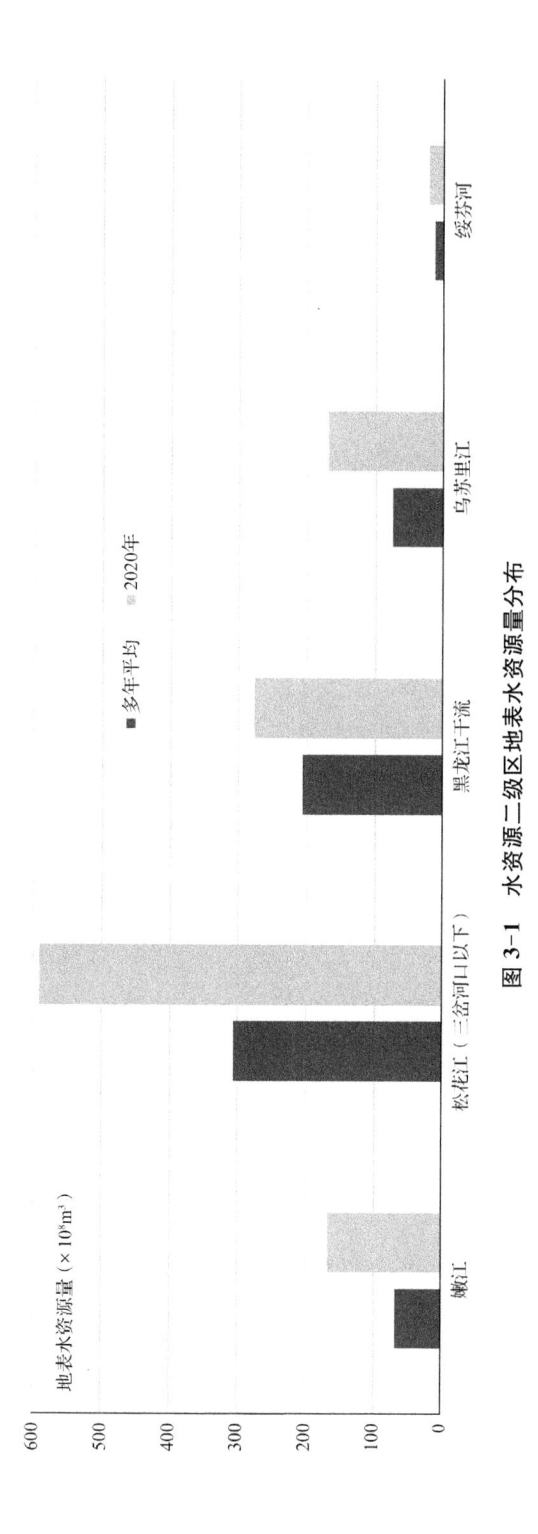

图 3-1 水资源二级区地表水资源量分布

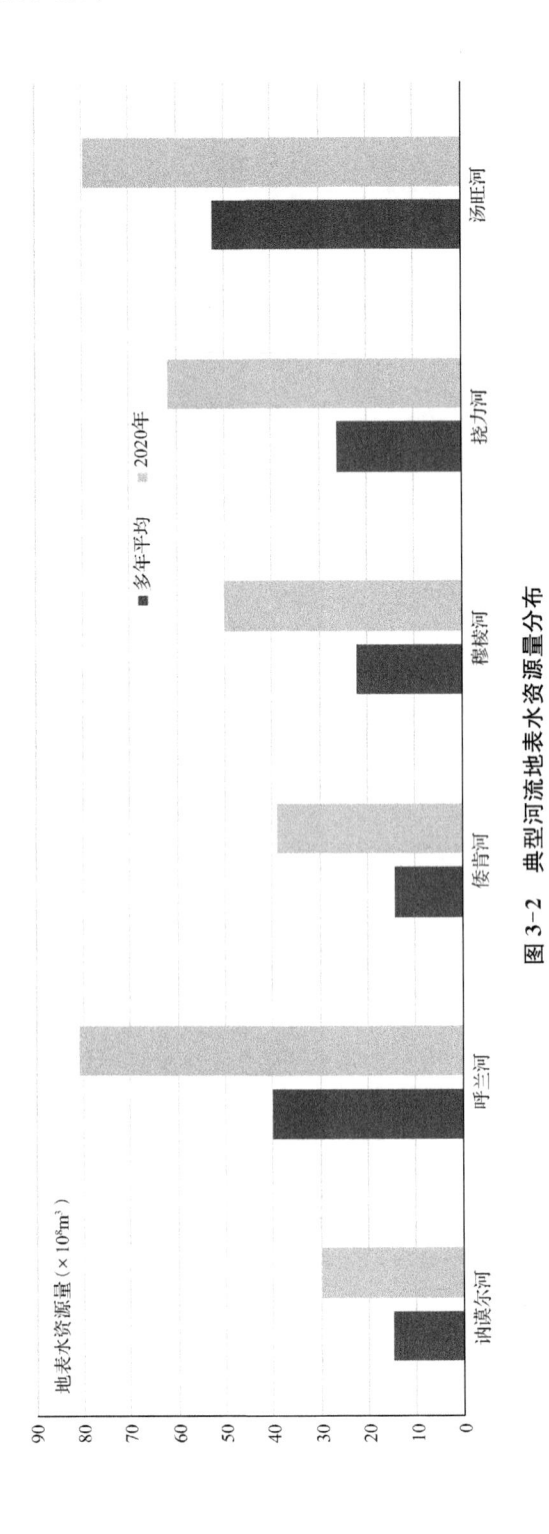

图 3-2 典型河流地表水资源量分布

水资源量及其开发利用

表3-1 径流量年内变化统计表

河流名称	水文站名称	集水面积 (km²)	统计项目	多年平均天然径流量 全年	汛期	非汛期	冰冻期	实测径流量 全年	汛期	非汛期	冰冻期
讷谟尔河	德都	7 200	径流量 (×10⁴ m³)	105 789	71 650	32 753	1 386	104 979	71 830	31 635	1 514
			占全年年的比重 (%)	100	67.7	31	1.3	100	68.4	30.1	1.4
呼兰河	铁力(二)	1 838	径流量 (×10⁴ m³)	56 029	37 571	16 896	1 562	50 431	34 331	14 538	1 562
			占全年年的比重 (%)	100	67.1	30.2	2.8	100	68.1	28.8	3.1
	秦家(二)	9 842	径流量 (×10⁴ m³)	222 745	154 451	62 865	5 429	197 781	138 568	53 813	5 400
			占全年年的比重 (%)	100	69.3	28.2	2.4	100	70.1	27.2	2.7
	兰西	27 736	径流量 (×10⁴ m³)	391 654	277 144	106 554	7 956	336 956	241 083	87 627	8 246
			占全年年的比重 (%)	100	70.8	27.2	2	100	71.5	26	2.4
倭肯河	倭肯	4 185	径流量 (×10⁴ m³)	46 635	32 077	14 082	476	40 267	27 612	12 179	476
			占全年年的比重 (%)	100	68.8	30.2	1	100	68.6	30.2	1.2
汤旺河	伊新	10 272	径流量 (×10⁴ m³)	260 201	180 382	76 308	3 511	260 146	180 216	76 206	3 724
			占全年年的比重 (%)	100	69.3	29.3	1.3	100	69.3	29.3	1.4
	晨明(二)	19 186	径流量 (×10⁴ m³)	493 050	343 200	140 737	9 113	492 989	343 034	140 596	9 359
			占全年年的比重 (%)	100	69.6	28.5	1.8	100	69.6	28.5	1.9
穆棱河	梨树镇	6 443	径流量 (×10⁴ m³)	88 707	53 834	33 049	1 824	83 491	50 472	31 015	2 004
			占全年年的比重 (%)	100	60.7	37.3	2.1	100	60.5	37.1	2.4
	湖北闸	16 218	径流量 (×10⁴ m³)	195 438	129 320	61 907	4 211	160 382	105 998	50 961	3 423
			占全年年的比重 (%)	100	66.2	31.7	2.2	100	66.1	31.8	2.1
挠力河	菜咀子	20 556	径流量 (×10⁴ m³)	168 228	77 768	82 667	7 793	155 054	70 336	77 088	7 630
			占全年年的比重 (%)	100	46.2	49.1	4.6	100	45.4	49.7	4.9

037

期径流量占全年径流量的69.6%;在实测情况下,汛期径流量占全年径流量的45.4%～71.5%,其中,菜咀子站汛期径流量占全年径流量的45.4%,兰西站汛期径流量占全年径流量的71.5%;由于汛期农业灌溉用水量增加,汛期实测径流量占全年径流量比例所有增加。

实测与天然径流量变化趋势一致,且随着近年水资源开发利用程度的提高,实测径流量普遍小于天然径流量。特别是开发利用程度较高的呼兰河流域的兰西站,两者相差明显。

3.1.1.5 断流总体情况

根据水文年鉴统计,黑龙江省满足《全国水资源调查评价技术细则》规定的断流界定标准的河流为呼兰河干流及其支流努敏河和通肯河,3条河流断流情况详见表3-2。

表3-2 河流断流(干涸)情况统计表

序号	河流名称	水资源二级区	发生断流(干涸)年份	断流(干涸)次数	最长断流(干涸)河段位置	年断流(干涸)天数(d)
1	呼兰河	松花江(三岔河口以下)	2002	1	秦家	33
			2004	1	秦家	3
2	努敏河		1997	1	四方台	7
			1998	1	四方台	13
			2001	1	四方台	37
			2002	1	四方台	55
			2006	1	四方台(二)	18
			2008	2	四方台(二)	39
			2009	1	四方台(二)	17
3	通肯河		1996	1	青冈	33
			2002	1	青冈	62
			2012	1	青冈	3

在调查的典型河流中,有断流(干涸)情况的为呼兰河,努敏河和通肯河是呼兰河支流。呼兰河秦家站分别于2002年、2004年出现2次断流情况,时间分别是2002年5月12日至6月13日、2004年6月17日至19日,

由于灌溉需要，临时筑小坝，导致有水无流。努敏河四方台站，共断流 8 次；通肯河青冈站，共断流 3 次。

3.1.2 地下水资源量

3.1.2.1 平原区地下水资源量

黑龙江省土地总面积 47.3×10^4 km²（含加格达奇和松岭区），其中平原区面积 220 021.14 km²。

(1) 计算方法

平原区地下水资源量采用补给量法计算，各项多年平均补给量之和为总补给量，总补给量扣除井灌回归补给量后为地下水资源量。同时，需计算排泄量，以进行水均衡分析。总补给量包括降水入渗补给量、河道渗漏补给量、库塘渗漏补给量、渠系渗漏补给量、渠灌田间入渗补给量、山前侧向补给量和井灌回归补给量；各项多年平均排泄量之和为总排泄量，总排泄量包括潜水蒸发量、河道排泄量和浅层地下水实际开采量。

(2) 平原区地下水资源量

经分析计算，平原区多年平均地下水总补给量为 218.79×10^8 m³，总补给模数为 9.95×10^4 m³/(km²·a)。多年平均地下水资源量为 205.77×10^8 m³，地下水资源量模数为 9.35×10^4 m³/(km²·a)。平原区的地下水资源量，以降水入渗补给量为主，占 69.85%；其次为地表水体补给量，占 29.36%；山前侧向补给量最少，占 0.79%。

平原区地下水总补给量和水资源量按水资源二级区计算的结果分别见图 3-3 和图 3-4。可以看出，水资源二级分区中，松花江（三岔河口以下）多年平均平原区地下水补给量及多年平均平原区地下水资源量均最大，分别为 88.75×10^8 m³ 和 83.72×10^8 m³，分别占全省平原区多年平均地下水总补给量和平原区多年平均地下水资源总量的 40.6% 和 40.7%；绥芬河多年平均平原区地下水补给量和多年平均平原区地下水资源量均最小，分别为 0.49×10^8 m³ 和 0.49×10^8 m³，分别占全省平原区多年平均地下水总补给量和平原区多年平均地下水资源总量的 0.2% 和 0.2%。

2020 年，全省平原区地下水总补给量为 281.06×10^8 m³，总补给模数

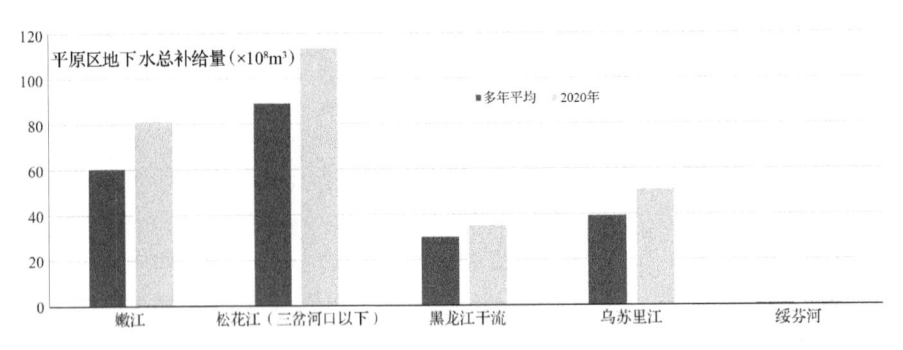

图 3-3　多年平均及 2020 年平原区年地下水总补给量

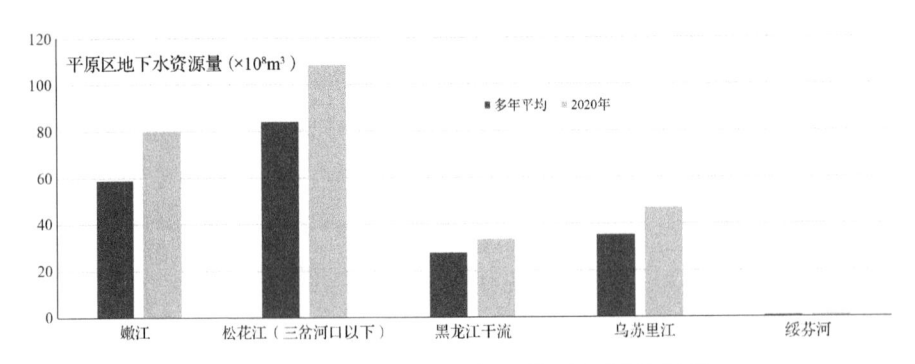

图 3-4　多年平均及 2020 年平原区地下水资源量

为 $12.77×10^4$ m³/(km²·a)。地下水资源量为 $268.56×10^8$ m³，地下水资源量模数为 $12.21×10^4$ m³/(km²·a)。平原区的地下水资源量，以降水入渗补给量为主，占 71.86%；其次为地表水体补给量，占 27.56%；山前侧向补给量最少，占 0.58%。

2020 年，水资源二级分区中，松花江（三岔河口以下）平原区地下水补给量及平原区地下水资源量均最大，分别为 $113.30×10^8$ m³ 和 $108.19×10^8$ m³，分别占 2020 年全省平原区地下水总补给量和平原区地下水资源总量的 40.3% 和 40.3%；绥芬河平原区地下水补给量和平原区地下水资源量均最小，分别为 $0.63×10^8$ m³ 和 $0.63×10^8$ m³，分别占 2020 年全省平原区地下水总补给量和平原区地下水资源总量的 0.2% 和 0.2%。

3.1.2.2　山丘区地下水资源量评价

全省山丘区总面积 233 077.86 km²。对山丘区浅层地下水计算单元的各项排泄量分别进行计算,并根据河流下垫面条件统一修正后,形成山丘区多年平均浅层地下水资源量成果。

(1) 计算方法

山丘区基岩裂隙水资源量采用排泄法计算,总排泄量包括河川基流量、山前侧向流出量、潜水蒸发量和开采净消耗量。

(2) 山丘区地下水资源量

经计算,全省山丘区多年平均地下水资源量为 105.16×10^8 m^3,地下水资源量模数为 4.51×10^4 $m^3/(km^2 \cdot a)$。山丘区的地下水资源量,以基岩裂隙水的河川基流量为主,全省山丘区多年平均天然河川基流量为 100.16×10^8 m^3,占全省山丘区多年平均地下水资源量的 95.25%;全省山丘区多年平均山前侧向流出量为 1.62×10^8 m^3,占全省山丘区多年平均地下水资源量的 1.54%;全省山丘区多年平均潜水蒸发量为 1.93×10^8 m^3,占全省山丘区多年平均地下水资源量的 1.84%;全省山丘区多年平均开采净消耗量为 1.45×10^8 m^3,占全省山丘区多年平均地下水资源量的 1.38%。

山丘区地下水资源量按水资源二级区计算的结果见图 3-5。水资源二级分区中,松花江(三岔河口以下)多年平均山丘区地下水资源量最大,为 52.65×10^8 m^3,占全省山丘区多年平均地下水资源量的 50.1%;绥芬河多年平均山丘区地下水资源量最小,为 2.72×10^8 m^3,占全省山丘区多年平均地下水资源量的 2.6%。

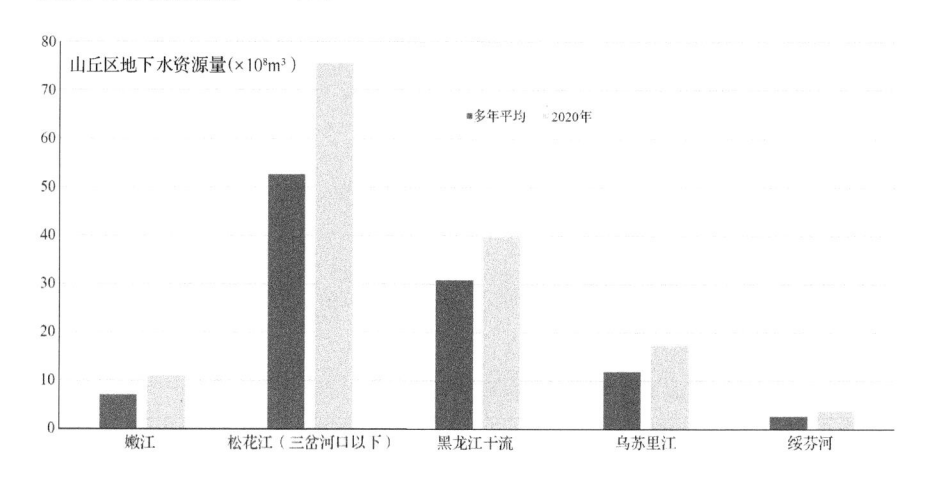

图 3-5 多年平均及 2020 年山丘区地下水资源量

2020年全省山丘区地下水资源量为 147.43×10^8 m³,地下水资源量模数为 6.33×10^4 m³/(km²·a)。2020年,山丘区的地下水资源量,以基岩裂隙水的河川基流量为主,山丘区天然河川基流量为 142.48×10^8 m³,占全省山丘区地下水资源量的96.64%;山丘区山前侧向流出量为 1.62×10^8 m³,占全省山丘区地下水资源量的1.10%;山丘区潜水蒸发量为 1.69×10^8 m³,占全省山丘区地下水资源量的1.15%;山丘区开采净消耗量为 1.63×10^8 m³,占全省山丘区地下水资源量的1.11%。

2020年水资源二级分区中,松花江(三岔河口以下)山丘区地下水资源量最大,为 75.55×10^8 m³,占全省山丘区地下水资源量的51.2%;绥芬河山丘区地下水资源量最小,为 3.78×10^8 m³,占全省山丘区地下水资源量的2.6%。

3.1.2.3　地下水资源量

(1) 多年平均地下水资源总量计算方法

多年平均地下水资源总量采用下列公式计算:

$$Q_{资} = P_{r山} + Q_{平资} - Q_{侧补} - Q_{基补}$$

式中:$Q_{资}$——多年平均地下水资源总量;

　　　$P_{r山}$——山丘区多年平均降水入渗补给量;

　　　$Q_{平资}$——平原区多年平均地下水资源量;

　　　$Q_{侧补}$——平原区多年平均山前侧向补给量;

　　　$Q_{基补}$——由山丘区河川基流形成的部分。

鉴于平原区地表水体补给量的水源主要来自上游山丘区,可采用下式近似计算由山丘区河川基流形成的地表水体补给量:

$$Q_{表基} \approx \zeta \times Q_{表补}$$

式中:$Q_{表基}$——由山丘区河川基流形成的年地表水体补给量;

　　　ζ——山丘区基径比;

　　　$Q_{表补}$——年地表水体补给量。

(2) 地下水资源总量

经计算,黑龙江省多年平均地下水资源总量为 303.63×10^8 m³。其中,山丘区多年平均地下水资源量为 105.16×10^8 m³,平原区多年平均地下水资源量为 205.77×10^8 m³,山丘区与平原区之间的重复计算量为 7.30×10^8 m³。

多年平均地下水资源量按水资源二级区计算的结果见图 3-6。水资源二级分区中,松花江(三岔河口以下)多年平均地下水资源量最大,为 132.59×10^8 m³,占全省多年平均地下水资源总量的 43.7%;绥芬河多年平均地下水资源量最小,为 3.17×10^8 m³,占全省多年平均地下水资源总量的 1.0%。

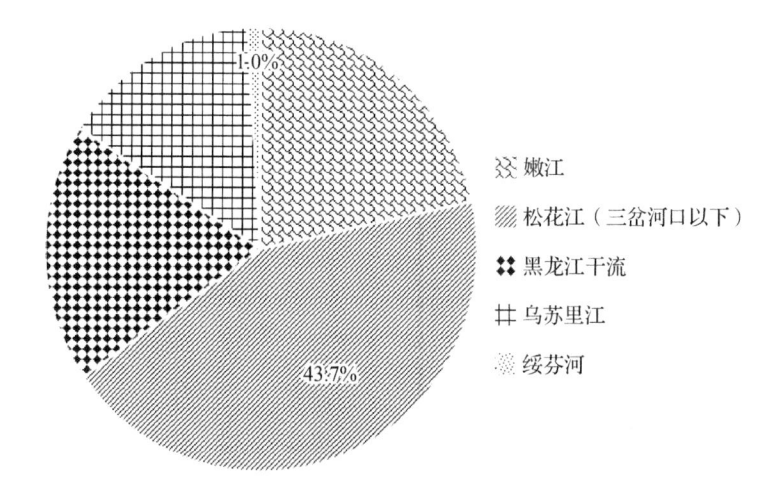

图 3-6　二级水资源分区多年平均地下水资源量占比

黑龙江省 2020 年地下水资源总量为 406.50×10^8 m³。其中,山丘区地下水资源量 147.43×10^8 m³,平原区地下水资源量 268.56×10^8 m³,山丘区与平原区之间的重复计算量 9.49×10^8 m³。

2020 年地下水资源量按水资源二级区计算的结果见图 3-7。水资源二级分区中,松花江(三岔河口以下)地下水资源量最大,为 179.12×10^8 m³,占 2020 年全省地下水资源总量的 44.1%;绥芬河地下水资源量最小,为 4.36×10^8 m³,占 2020 年全省地下水资源总量的 1.1%。

6 条重点河流中,多年平均地下水资源量最大的是呼兰河,为 22.32×10^8 m³,最小的是倭肯河,为 6.08×10^8 m³。2020 年地下水资源量最大的是呼兰河,为 27.64×10^8 m³,最小的是倭肯河,为 9.48×10^8 m³。典型河流多年平均及 2020 年地下水资源量详见图 3-8。

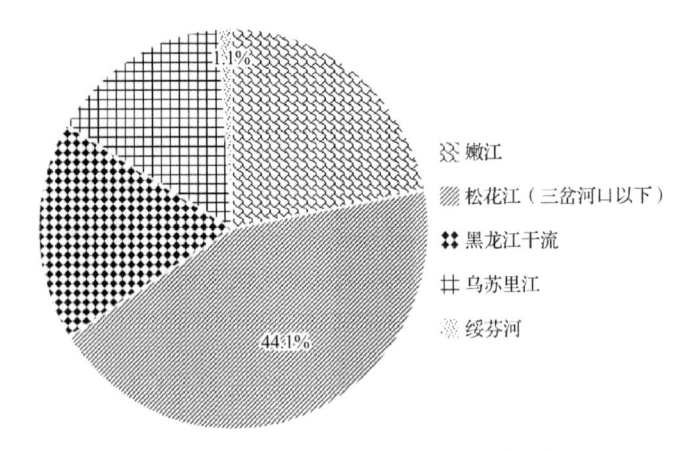

图 3-7 二级水资源分区 2020 年地下水资源量占比

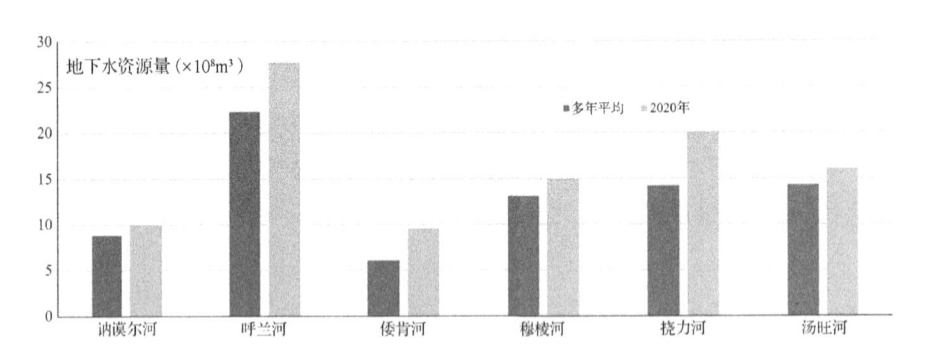

图 3-8 典型河流地下水资源量

3.1.3 水资源总量

3.1.3.1 计算方法

水资源总量采用下式分项进行计算：

$$W = R_s + P_r = R + P_r - R_g$$

式中：W ——水资源总量；

R_s ——地表径流量（即河川径流量与河川基流量之差）；

P_r ——降水入渗补给量（山丘区用地下水总排泄量代替）；

R ——河川径流量（即地表水资源量）；

R_g ——河川基流量（平原区为降水入渗补给量形成的河道排泄量）。

水资源总量也可由地表水资源量加上地下水资源与地表水资源的不重复量求得：

$$W = R + P_{r山} + P_{r平} - R_{g山} - R_{g平}$$

式中：R——地表水资源量；

$P_{r山}$——山丘区降水入渗补给量，即地下水资源量（山丘区用地下水总排泄量 $Q_{总排}$ 代替）；

$P_{r平}$——平原区降水入渗补给量；

$R_{g山}$——山丘区河川基流量；

$R_{g平}$——平原区降水入渗补给量形成的河道排泄量。

3.1.3.2 水资源总量

黑龙江省多年平均水资源总量为 $807.81 \times 10^8 \text{ m}^3$，其中地表水资源量为 $667.50 \times 10^8 \text{ m}^3$，地下水资源量为 $303.63 \times 10^8 \text{ m}^3$，地下水资源与地表水资源不重复计算量为 $140.31 \times 10^8 \text{ m}^3$。

多年平均水资源总量按水资源二级区计算的结果见图3-9。水资源二级分区中，松花江（三岔河口以下）多年平均水资源总量最大，为 $357.56 \times 10^8 \text{ m}^3$，占全省多年平均水资源总量的44.3%；绥芬河多年平均地下水资源量最小，为 $13.09 \times 10^8 \text{ m}^3$，占全省多年平均水资源总量的1.6%。

2020年全省水资源总量为 $1\,419.94 \times 10^8 \text{ m}^3$，其中地表水资源量为

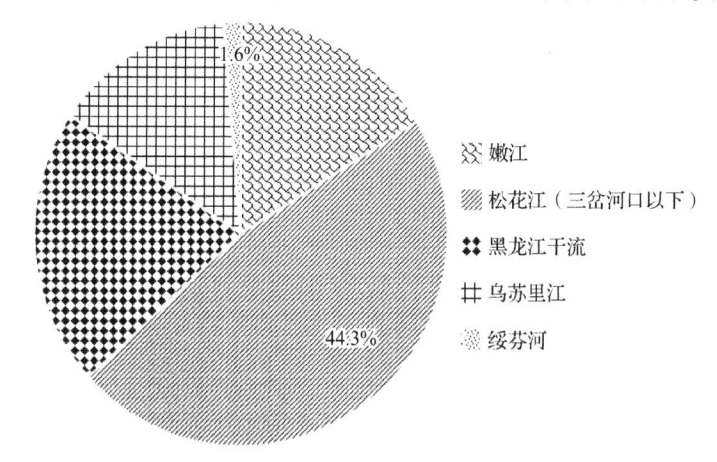

图3-9 二级水资源分区多年平均水资源总量占比

$1\,221.43\times10^8\text{ m}^3$,地下水资源量为 $406.50\times10^8\text{ m}^3$,地下水资源与地表水资源不重复计算量为 $198.51\times10^8\text{ m}^3$。

2020 年水资源总量按水资源二级区计算的结果见图 3-10。水资源二级分区中,松花江(三岔河口以下)水资源总量最大,为 $666.87\times10^8\text{ m}^3$,占 2020 年全省水资源总量的 47.0%;绥芬河水资源总量最小,为 $20.54\times10^8\text{ m}^3$,占 2020 年全省水资源总量的 1.4%。

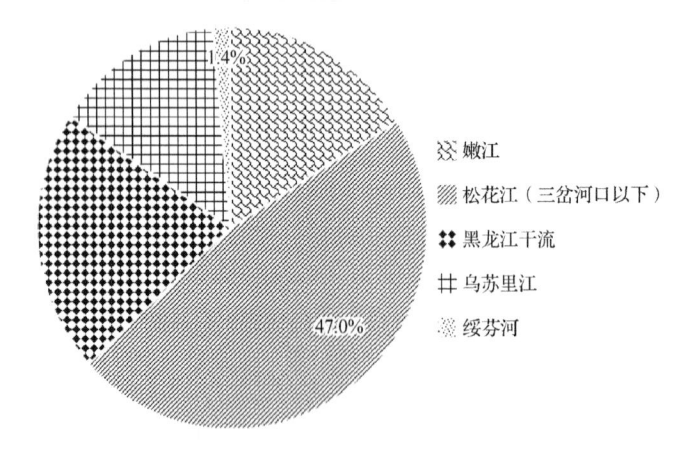

图 3-10　二级水资源分区 2020 年水资源总量占比

6 条重点河流中,多年平均水资源总量最大的是汤旺河,为 $53.88\times10^8\text{ m}^3$,最小的是倭肯河,为 $15.58\times10^8\text{ m}^3$。2020 年水资源总量最大的是呼兰河,为 $100.66\times10^8\text{ m}^3$,最小的是讷谟尔河,为 $37.36\times10^8\text{ m}^3$。典型河流多年平均及 2020 年水资源总量详见图 3-11。

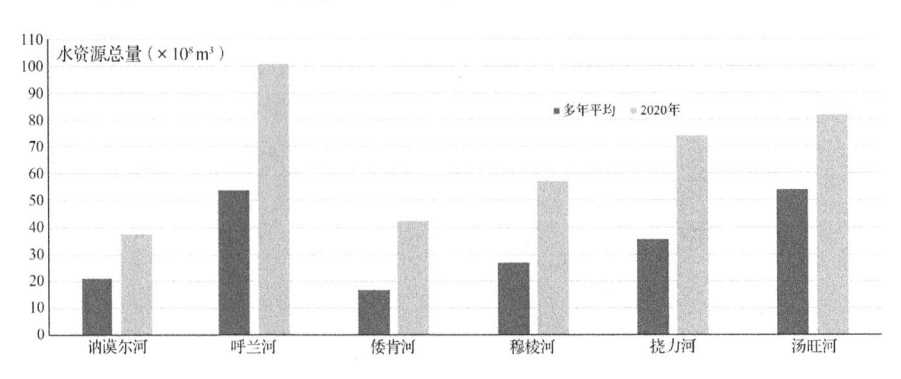

图 3-11　典型河流水资源总量

3.2 资源开发利用状况研究

2020年,全省供水总量为 $314.13×10^8$ m^3,其中,地表水供水量为 $182.89×10^8$ m^3,占供水总量的 58.2%;地下水供水量为 $129.42×10^8$ m^3,占供水总量的 41.2%;其他水源供水量为 $1.82×10^8$ m^3,仅占供水总量的 0.6%。在地表水供水量中,蓄水工程供水量为 $39.91×10^8$ m^3,占地表水总供水量的 21.8%;引水工程供水量为 $66.50×10^8$ m^3,占地表水总供水量的 36.4%;提水工程供水量为 $76.16×10^8$ m^3,占地表水总供水量的 41.6%;非工程供水量为 $0.32×10^8$ m^3,占地表水总供水量的 0.2%。

按水资源二级分区统计,2020年供水量最大的是松花江(三岔河口以下),其供水量占 2020 年全省供水总量的 49.3%;绥芬河供水量最小,占 2020 年全省供水总量的 0.4%。全省水资源二级区供水量详见图 3-12。

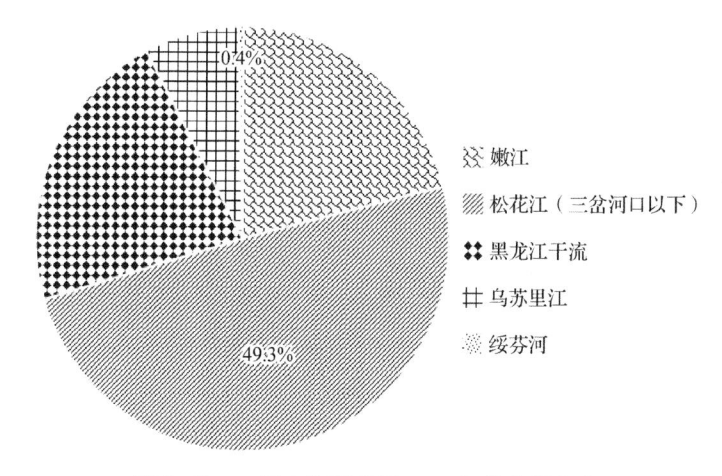

图 3-12 二级水资源分区 2020 年供水量占比

6 条重点河流中,供水量最大的是呼兰河,为 $27.77×10^8$ m^3,供水量最小的是汤旺河,为 $1.69×10^8$ m^3。

在各行业用水量中,农田灌溉用水量最大,为 $271.48×10^8$ m^3,占全省总供水量的 86.4%。其中,地表水用量为 $158.42×10^8$ m^3,地下水用量为

$113.06×10^8 \text{ m}^3$。林牧渔业用水量为 $6.89×10^8 \text{ m}^3$，占全省总供水量的 2.2%。其中，地表水为 $3.05×10^8 \text{ m}^3$，地下水为 $3.84×10^8 \text{ m}^3$。工业用水量为 $18.53×10^8 \text{ m}^3$，占全省总供水量的 5.9%。其中，地表水为 $12.79×10^8 \text{ m}^3$，地下水为 $3.92×10^8 \text{ m}^3$，其他水源为 $1.82×10^8 \text{ m}^3$。城镇公共用水量为 $2.46×10^8 \text{ m}^3$，占全省总供水量的 0.8%。其中，地表水为 $1.38×10^8 \text{ m}^3$，地下水为 $1.08×10^8 \text{ m}^3$。居民生活用水量为 $12.45×10^8 \text{ m}^3$，占全省总供水量的 4.0%。其中，地表水为 $5.06×10^8 \text{ m}^3$，地下水为 $7.39×10^8 \text{ m}^3$。生态与环境补水用水量为 $2.32×10^8 \text{ m}^3$，占全省总供水量的 0.7%。其中，地表水为 $2.21×10^8 \text{ m}^3$，地下水为 $0.11×10^8 \text{ m}^3$。

3.3 水资源利用存在的问题及对策分析

3.3.1 水资源利用存在的问题

随着经济社会的发展，水资源开发利用程度提高，水资源供需矛盾日趋明显，主要存在如下问题。

(1) 水资源时空分布不均匀，水土资源组合不平衡

黑龙江省水资源在分布上具有显著的不均衡性，在空间上表现为东多西少、南多北少，在时间分配上表现为夏秋多、冬春少和年际变化大的特点。河流径流量的年际变化也较大，丰水年和枯水年常交替出现，有时甚至出现连续丰水年或连续枯水年的现象。径流量年内分配很不均匀，大部分集中于6—9月或5—8月，这几月径流量占年径流量的60%～80%。

(2) 局部地下水超载，地下水位下降

目前，松嫩、三江两大平原不同程度地存在地下水超载现象，使得地下水位下降，下降区主要分布在挠力河西部地区和松花江下游北岸。

(3) 部分区域水土资源开发利用不合理

部分区域水土资源开发不合理，导致水生态环境存在风险。黑龙江省是世界上三大黑土地带之一，部分区域水田相对集中，经济社会用水需求量大，存在地下水超载现象；不合理开发建设活动导致水生态空间被挤占、萎缩，水生态环境受损退化，水生态功能减弱。

从区域水安全保障来看,西部区水资源调控不足造成数量质量双短缺,生态环境较脆弱,现代农业综合配套改革试验区的核心区域存在资源性和水质性缺水;河湖内外用水需求日益增加,不断占用自然生态系统所依赖的河湖水量,使生态流量保障不足。中部区山区面积较大,界河较长,防洪工程治理不足;山洪灾害和河流治理任务艰巨;水资源丰富,但缺乏调控和配置工程,缺乏必要的江河湖库调控手段,水资源没有得到有效的利用。东部区地势低洼,排水不畅,秋季降水较多,内涝严重;近年来水旱灾害成灾面积扩大,与发展现代化农业的要求不相适应;地表水工程不足,局部地区地下水超载,有可能会引发新的生态环境问题。

(4) 界河缺少地表水工程,过境水利用量少,水资源调配能力不足

一方面,境内水资源的利用结构极不合理,地下水严重超采,地表水却没有得到充分开发利用。另一方面,国境界江界湖丰沛的过境水资源亟待加速开发利用。三江平原流域地表水资源量匮乏,而黑龙江干流、乌苏里江过境水量达 $2\,000\times10^8\ m^3$,由于缺少相关工程,目前界河水利用量仅约 $12\times10^8\ m^3$,不足过境水量的 1%。

(5) 面源污染及河流背景值污染问题

近几年来,随着耕地数量的增加,农田化肥施用量及农药使用量也呈不断增长趋势。大量的化肥通过渗透及雨水冲刷等被带入河流当中,而沿河耕地每年都施用大量的高毒高残留除草剂和杀虫剂,这些污染物也被带入河泡中,最后汇入河流内,成为黑龙江省河流的最大污染源,不仅导致水体富营养化,同时威胁着环境的健康和生物的多样性。

黑龙江省是地理位置最北、纬度最高且气温最低的边疆省份,森林覆盖率超过 50%,源头水保护区多发源或流经林区,由于大量森林腐殖质淋溶和流失后随径流汇入河道,导致区域内好氧类水质指标(化学需氧量、高锰酸盐指数以及氨氮)浓度偏高,因此黑龙江省源头水水质达标率很低。

3.3.2 对策分析

针对以上问题,为了保护并合理利用水资源,按照"重保护、促修复"的思路,坚持保护优先、自然恢复为主,统筹全省"五山一水一草三分田"自然要素分布格局,提出如下对策。

(1) 划定涉水生态空间

按照水利部相关文件要求,统筹考虑水源涵养、饮用水水源保护、生物多样性保护、水土保持、行蓄洪水等维持生态平衡、保障流域和区域生态安全的生态调节功能以及经济社会服务功能,结合涉水生态空间用途管控要求,划定129个水域岸线生态空间(流域面积大于等于1 000 km² 的省内及跨省河流124条,流域面积在500~1 000 km² 的跨省河流5条)、253个湖泊及行蓄洪水生态空间(湖泊面积大于等于1 km²),以及16个重要饮用水源地、11个重要水源涵养区、4个国家级或省级重点水土流失防治区生态空间。

(2) 推进重点河湖生态廊道建设

以流域为单元,坚持综合施策、协同推进,加大河湖保护修复力度,切实保障河湖生态流量,加强水环境治理和传承弘扬水文化,构建河湖绿色生态廊道,保护河湖生态系统健康。

切实保障河湖生态流量。充分考虑河湖生态功能和保护物种需求,合理确定河湖控制断面生态流量(水位)目标,明确相关涉水工程枯水期、生态敏感期等不同时段的最小生态流量要求。加强水资源合理配置,通过河湖水系连通工程建设、科学管理和优化调度,统筹生态保护与防洪、供水、发电等的关系,提高重要河段、重点湖泊湿地保护区的生态水量保障程度,增强水生态系统的循环能力,提升河湖生态系统质量和功能稳定性。积极推进生态补水工程建设,通过尼尔基水利枢纽等控制枢纽、西部连通和三江连通等水系连通工程,连通河湖水网,提高河湖生态基流和敏感期生态水量的保障程度,对已经出现萎缩或有萎缩趋势的重要湿地和湖泊积极实施生态补水,修复受损河湖生态系统。

加强生态脆弱敏感区河湖保护。结合自然保护地体系建设,加强生态脆弱敏感区河湖生态保护。以乌裕尔河、镜泊湖、兴凯湖等为重点,加大对自然河流形态、自然河湖岸线的保护,推进违法占用水域岸线空间清退,通过保护河源草甸及重要湿地、恢复岸边植被、改善河湖生境等综合措施科学保护河湖生态结构和功能,增强河湖自然恢复能力,促进河湖生态系统的良性循环。

加快推进受损河湖生态修复。基于河湖管理范围划定,编制实施重要河湖岸线保护与利用规划,建立空间台账,强化河湖生态空间保护。建设绥化引水入城、大庆河湖连通、西部连通、哈尔滨市松花江南岸河湖连通水网体系,提高河湖水系的连通性。

保护传承弘扬水文化。积极推进水文化遗产保护,推动遗址和古村古镇保护,维护历史传统风貌。深入挖掘水文化、水利遗址遗存和非物质文化蕴含的时代价值,讲好水文化故事。充分挖掘龙江特色河湖水文化,从历史地理、风土人情、传统习俗等方面挖掘具有龙江特色的水文化内涵,提升水文化遗产价值。依托灌区建设和河湖湿地综合治理,深度研究灌区历史文化和特色民俗文化,建设特色水文化水景观展示区域,将河湖建成传承民俗特色的新节点和彰显历史文化的新载体,提升水域和河湖岸线景观品位,营造环境宜居、诗意栖居的特色水利风景,满足人民群众日益增长的优美生态环境与精神文化需要。

(3) 推进地下水超采综合治理

按照全面节约、有效保护、综合治理的原则,有序推进地下水超采区综合治理。一是加强地下水源勘察工作,掌握水文地质资料,全面规划,合理布局,统筹考虑地表水和地下水的综合利用,避免过量开采和滥用水源。二是采取人工补给的方法,但必须注意防止地下水的污染。三是建立监测网,随时了解地下水的动态和水质变化情况,以便及时采取防治措施。

重点推进三江平原和松嫩平原地下水超采治理,通过三江平原14个灌区、三江连通工程的建设和节水管理等措施,全面压减东部三江平原地下水灌溉水量,争取实现地下水采补平衡。对哈尔滨等存在地下水超采的城市,压减工业和城镇生活地下水开采,封填部分地下水开采井,逐渐实现地下水采补平衡。有序推进城镇集中供水覆盖范围内自备井关停,对备用功能自备井进行严格管控。加强地表水和地下水资源联合调配,强化地下水的监测和管理,保持合理地下水位。

(4) 提高水的利用效率,开辟第二水源

这是目前解决水资源紧张的重要途径。一是降低工业用水量,提高水的重复利用率。二是实行科学灌溉,减少农业用水浪费。三是回收利用城市污水,开辟第二水源。要充分认识到污水回用是解决水资源短缺的重要途径之一,应加大污水回用的科研力度,增加对污水回用系统工程的投资,加强宏观调控,运用经济手段鼓励水的回用。

(5) 加大宣传力度,动员全社会节约用水

一是对节水宣传工作给予相应的政策支持,各新闻媒介要积极配合节水宣传活动,在广播、电视、报纸上开辟专题栏目,开展形式多样、形象生动的节水宣传活动。二是动员社会力量,积极参与节水宣传工作。三是深入开展创建节水型城市活动,对节水型单位和节水宣传工作中的先进单位和个人进行表彰。通过宣传使人们认识到节水的重要性和紧迫性,形成全社会倡导节约用水的良好氛围。

(6) 加快引调水工程建设,优化水资源配置

随着黑龙江省经济社会发展,资源环境面临的压力逐渐增大,个别地区用水紧张的问题显得尤为突出。在坚持节水的前提下,进一步优化水资源配置,建设跨地区调水工程,实现水资源开发利用最大化、工程运行效益最大化,是今后水利设施建设的重点。

(7) 加大投入力度,提升监测水平

用水在线监测是实行最严格水资源管理制度、加强区域计划用水管理和促进企业节水的重要措施。取用水监测对象主要为各级水行政主管部门颁发取水许可证的重点取水户,应加大监测投入,提高监测率和监测质量。

4

黑龙江省水环境状况研究

4.1 黑龙江省地表水资源质量现状评价

4.1.1 监测范围及频次

2020年黑龙江省对260个重点水质站进行监测，其中90个站点监测12次，即每月监测1次，170个站点监测3次（2月、6月、10月各1次）。

4.1.2 监测项目与检测方法

河流水质站监测项目：水温、pH、溶解氧、高锰酸盐指数、化学需氧量、五日生化需氧量、氨氮、总磷、总氮、铜、锌、氟化物、硒、砷、汞、镉、六价铬、铅、氰化物、挥发酚、石油类、阴离子表面活性剂、硫化物、粪大肠菌群、矿化度、总硬度、电导率、悬浮物、硝酸盐氮、硫酸盐、氯化物、碳酸盐、重碳酸盐、钾、钠、钙、镁、铁、锰、镍。

湖库水质站监测项目：水温、pH、溶解氧、高锰酸盐指数、化学需氧量、五日生化需氧量、氨氮、总磷、总氮、铜、锌、氟化物、硒、砷、汞、镉、六价铬、铅、氰化物、挥发酚、石油类、阴离子表面活性剂、硫化物、粪大肠菌群、氯化物、叶绿素a、透明度、矿化度、总硬度、电导率、悬浮物、硝酸盐氮、硫酸盐、碳酸盐、重碳酸盐、钾、钠、钙、镁、铁、锰、镍。

地表水水源地水质站监测项目：水温、pH、溶解氧、高锰酸盐指数、化学需氧量、五日生化需氧量、氨氮、总磷、总氮、铜、锌、氟化物、硒、砷、汞、镉、六价铬、铅、氰化物、挥发酚、石油类、阴离子表面活性剂、硫化物、粪大肠菌群、氯化物、矿化度、总硬度、电导率、悬浮物、硝酸盐氮、硫酸盐、碳酸盐、重碳酸盐、钾、钠、钙、镁、铁、锰、镍。湖库水源地增测叶绿素a、透明度。

检测方法：采用黑龙江省水环境监测中心实验室资质认定证书附表中规定的标准方法，详见表 4-1。

表 4-1 检测方法列表

监测项目	检测方法
水温	《水质 水温的测定 温度计或颠倒温度计测定法》(GB 13195—1991)
pH	《水质 pH值的测定 电极法》(HJ 1147—2020)
电导率	《电导率的测定（电导仪法）》(SL 78—1994)
溶解氧	《水质 溶解氧的测定 电化学探头法》(HJ 506—2009)
高锰酸盐指数	《水质 高锰酸盐指数的测定》(GB 11892—1989)
化学需氧量	《水质 化学需氧量的测定 快速消解分光光度法》(HJ/T 399—2007)
五日生化需氧量	《水质 五日生化需氧量(BOD_5)的测定 稀释与接种法》(HJ 505—2009)
氨氮	《水质 氨氮的测定 纳氏试剂分光光度法》(HJ 535—2009)
总氮	《水质 总氮的测定 碱性过硫酸钾消解紫外分光光度法》(HJ 636—2012)
总磷	《水质 总磷的测定 钼酸铵分光光度法》(GB 11893—1989)
铜	《生活饮用水标准检验方法 金属指标》(GB/T 5750.6—2006)
锌	《水质 铜、锌、铅、镉的测定 原子吸收分光光度法》(GB 7475—1987)
氟化物	《水中无机阴离子的测定（离子色谱法）》(SL 86—1994)
硒	《水质 硒的测定 原子荧光光度法》(SL 327.3—2005)
砷	《水质 砷的测定 原子荧光光度法》(SL 327.1—2005)
汞	《水质 汞的测定 原子荧光光度法》(SL 327.2—2005)
镉	《生活饮用水标准检验方法 金属指标》(GB/T 5750.6—2006)
六价铬	《水质 六价铬的测定 二苯碳酰二肼分光光度法》(GB 7467—1987)
铅	《生活饮用水标准检验方法 金属指标》(GB/T 5750.6—2006)
氰化物	《水质 流量分析法(FIA 和 CFA)测定氰化物总量和游离氰化物 第1部分：使用流动注射分析法》(ISO 14403-1：2012)
挥发酚	《水质 流量分析法测定酚系数(FIA 和 CFA)》(ISO 14402：1999)
石油类	《水质 石油类的测定 紫外分光光度法(试行)》(HJ 970—2018)

(续表)

监测项目	检测方法
阴离子表面活性剂	《水质 亚甲基蓝活性物质（MBAS）指数的测定——连续流动分析法（CFA）》(ISO 16265：2009)
硫化物	《水质 硫化物的测定 流动注射-亚甲基蓝分光光度法》(HJ 824—2017)
硝酸盐氮	《水中无机阴离子的测定(离子色谱法)》(SL 86—1994)
铁	《水质 铁、锰的测定 火焰原子吸收分光光度法》(GB 11911—1989)
锰	《水质 铁、锰的测定 火焰原子吸收分光光度法》(GB 11911—1989)
氯化物	《水中无机阴离子的测定(离子色谱法)》(SL 86—1994)
硫酸盐	《水中无机阴离子的测定(离子色谱法)》(SL 86—1994)
总硬度	《生活饮用水标准检验方法 感观性状和物理指标》(GB/T 5750.4—2006)
粪大肠菌群	《水质 粪大肠菌群的测定 滤膜法》(HJ 347.1—2018)
矿化度	《矿化度的测定(重量法)》(SL 79—1994)
悬浮物	《水质 悬浮物的测定 重量法》(GB 11901—1989)
碳酸盐	《碱度(总碱度、重碳酸盐和碳酸盐)的测定(酸滴定法)》(SL 83—1994)
重碳酸盐	《碱度(总碱度、重碳酸盐和碳酸盐)的测定(酸滴定法)》(SL 83—1994)
钾	《水质 钾和钠的测定 火焰原子吸收分光光度法》(GB 11904—1989)
钠	《水质 钾和钠的测定 火焰原子吸收分光光度法》(GB 11904—1989)
钙	《水质 钙和镁的测定 原子吸收分光光度法》(GB 11905—1989)
镁	《水质 钙和镁的测定 原子吸收分光光度法》(GB 11905—1989)
镍	《水质 镍的测定 火焰原子吸收分光光度法》(GB 11912—1989)
叶绿素 a	《水质 叶绿素的测定 分光光度法》(SL 88—2012)
透明度	《透明度的测定(透明度计法、圆盘法)》(SL 87—1994)

4.1.3 技术要求

样品采集：样品采集、运输和保管严格执行《水质采样技术规程》(SL 187—1996)和《水环境监测规范》(SL 219—2013)的有关规定，确保采样点位置正确、水样保存方法合理、样品单填报项目及交接手续完整。

质控要求：水样的化验分析是监测的中心环节，在化验分析过程中要严格执行相应的技术标准，遵循全省水质监测质控计划的有关规定。每批水样必须有10%～20%的质控样,并对检测结果进行合理性检查,数据不合理时要分析原因,必要时要进行补测。

分析评价:按照《地表水资源质量评价技术规程》(SL 395—2007)、《地表水环境质量标准》(GB 3838—2002)(表4-2)等开展水质评价工作。

表4-2 《地表水环境质量标准》(GB 3838—2002)部分基本项目标准值

项目名称	Ⅰ类	Ⅱ类	Ⅲ类	Ⅳ类	Ⅴ类
高锰酸盐指数(mg/L)≤	2	4	6	10	15
氨氮(mg/L)≤	0.15	0.5	1.0	1.5	2
化学需氧量(mg/L)≤	15	15	20	30	40

4.1.4 全省水质现状评价

2020年全省监测的260个重点水质站对应河段,水质优于或符合《地表水环境质量标准》(GB 3838—2002)Ⅲ类标准的河段165处,占监测河段总数的63.5%,其中Ⅱ类水质河段14处,占评价总数的5.4%;Ⅲ类水质河段151处,占评价总数的58.1%。Ⅳ类水质河段72处,占评价总数的27.7%。Ⅴ类水质河段20处,占评价总数的7.7%。劣Ⅴ类水质河段3处,占评价总数的1.2%。Ⅳ类及以上水质河段主要超标污染物为高锰酸盐指数、化学需氧量和氨氮。2020年全省水质现状评价结果详见图4-1。

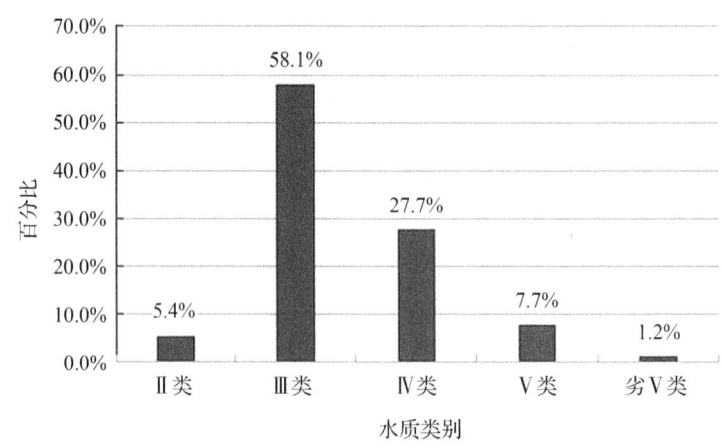

图4-1 2020年全省水质现状年度评价结果

汛期，Ⅱ类水质河段14处，占评价总数的5.4%；Ⅲ类水质河段134处，占评价总数的51.5%；Ⅳ类水质河段80处，占评价总数的30.8%；Ⅴ类水质河段22处，占评价总数的8.5%；劣Ⅴ类水质河段10处，占评价总数的3.8%。其中，全省Ⅱ~Ⅲ类水质河段占评价总数的56.9%，Ⅳ类及以上水质主要超标污染物为高锰酸盐指数、化学需氧量和氨氮。2020年全省水质现状汛期评价结果详见图4-2。

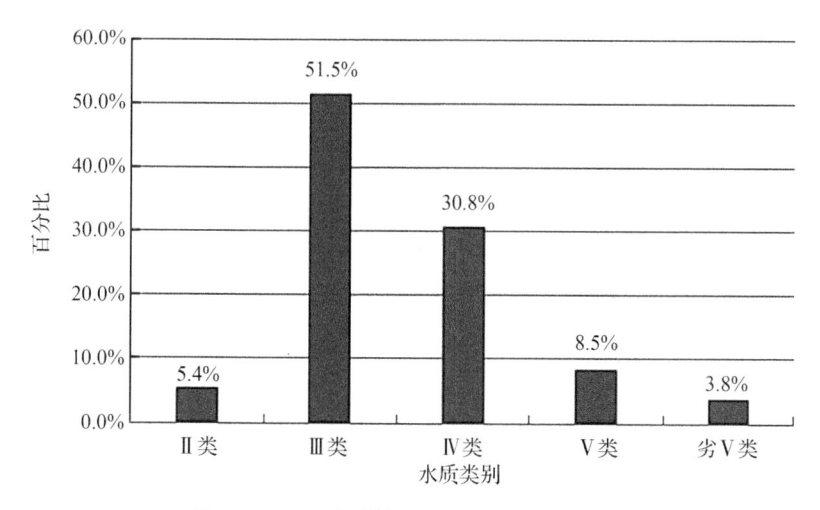

图4-2　2020年全省水质现状汛期评价结果

非汛期，Ⅰ~Ⅱ类水质河段27处，占评价总数的10.4%；Ⅲ类水质河段161处，占评价总数的61.9%；Ⅳ类水质河段59处，占评价总数的22.7%；Ⅴ类水质河段13处，占评价总数的5.0%。其中，全省Ⅰ~Ⅲ类水质河段占评价总数的72.3%，Ⅳ类及以上水质主要超标污染物为高锰酸盐指数、氨氮和化学需氧量。2020年全省水质现状非汛期评价结果详见图4-3。

对比全年、汛期、非汛期的评价结果，非汛期水质明显好于年度及汛期水质。汛期劣Ⅴ类水体较非汛期增加，说明由于汛期地表径流的作用，地表污染物（主要是非点源污染）被汇集到河流中，局部河段水质略有恶化。2020年全年、汛期、非汛期Ⅰ~Ⅲ类水质占比详见图4-4。

按水资源二级区评价，黑龙江干流水质监测站点共50处，其中：Ⅲ类水质河段14处，占评价总数的28.0%；Ⅳ类水质河段28处，占评价总数的

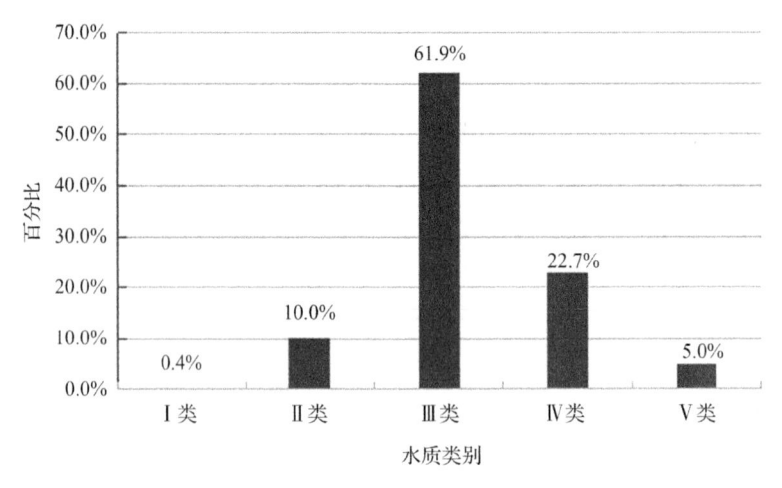

图 4-3 2020 年全省水质现状非汛期评价结果

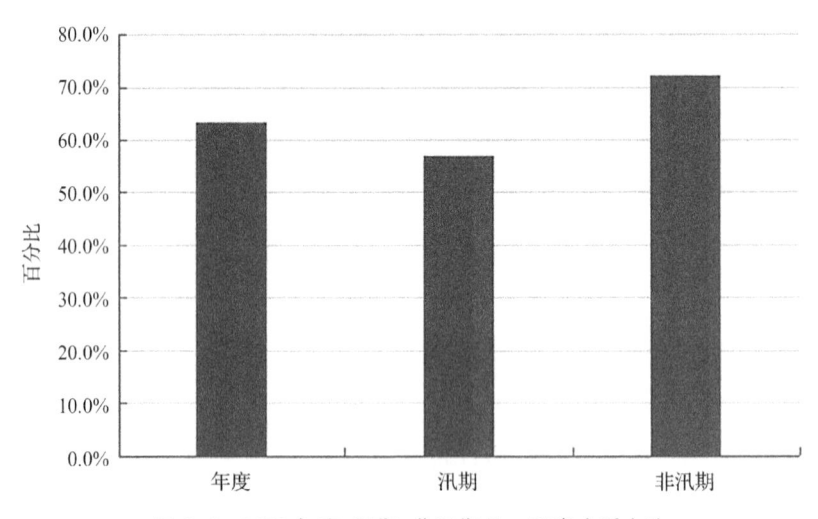

图 4-4 2020 年度、汛期、非汛期Ⅰ～Ⅲ类水质占比

56.0%；Ⅴ类水质河段 7 处，占评价总数的 14.0%；劣Ⅴ类水质河段 1 处，占评价总数的 2.0%。Ⅰ～Ⅲ类水质河段占评价总数的 28.0%，Ⅳ类及以上水质主要超标污染物为高锰酸盐指数、化学需氧量和氨氮。

嫩江水质监测站点共 50 处，其中：Ⅱ类水质河段 7 处，占评价总数的 14.0%；Ⅲ类水质河段 22 处，占评价总数的 44.0%；Ⅳ类水质河段 16 处，占评价总数的 32.0%；Ⅴ类水质河段 5 处，占评价总数的 10.0%。Ⅱ～Ⅲ类水质河段占评价总数的 58.0%，Ⅳ类及以上水质主要超标污染物为高锰酸盐指数和化学需氧量。

松花江(三岔河口以下)监测站点共118处,其中:Ⅱ类水质河段5处,占评价总数的4.2%;Ⅲ类水质河段83处,占评价总数的70.3%;Ⅳ类水质河段23处,占评价总数的19.5%;Ⅴ类水质河段5处,占评价总数的4.2%;劣Ⅴ类水质河段2处,占评价总数的1.7%。Ⅱ～Ⅲ类水质河段占评价总数的74.6%,Ⅳ类及以上水质主要超标污染物为高锰酸盐指数、氨氮和化学需氧量。

绥芬河监测站点共6处,全部为Ⅲ类水质。

乌苏里江监测站点共36处,其中:Ⅱ类水质河段2处,占评价总数的5.6%;Ⅲ类水质河段26处,占评价总数的72.2%;Ⅳ类水质河段5处,占评价总数的13.9%;Ⅴ类水质河段3处,占评价总数的8.3%。Ⅱ～Ⅲ类水质河段占评价总数的77.8%,Ⅳ类及以上水质主要超标污染物为高锰酸盐指数、化学需氧量和氨氮。

各水资源二级区Ⅰ～Ⅲ类水质占比详见图4-5。

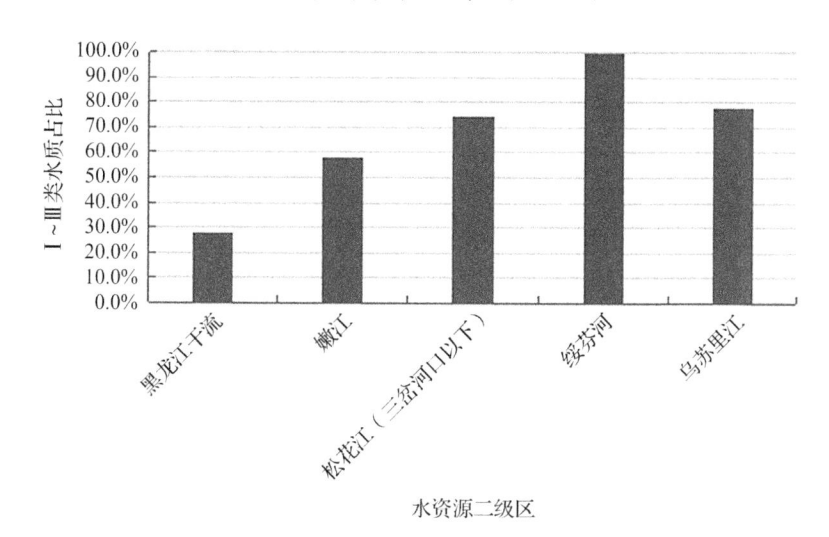

图4-5 按水资源二级区评价Ⅰ～Ⅲ类水质占比

6条重点河流的地表水质量现状评价如下。

(1) 倭肯河流域地表水质量现状评价

倭肯河发源于完达山脉阿尔哈山,是松花江右岸一级支流,干流自东南流向西北,沿途流经黑龙江省七台河市区、七台河市勃利县、佳木斯市桦南县以及哈尔滨市依兰县等四大市县的近20个乡镇地区。在依兰县城东北侧约1 km处注入松花江,全长326 km,流域总面积11 013 km²。

2020年倭肯河干流设有水质监测断面6个,分别为北兴水文站、桃山水库、长兴公路桥、倭肯水文站、涌泉和倭肯河河口。倭肯水文站和桃山水库全年各监测12次(每月1次),其余站点全年各监测3次(2月、6月、10月各1次)。以Ⅲ类水质为标准,采用年均值法进行水质评价。

年度水质评价中,水质优于或符合《地表水环境质量标准》(GB 3838—2002)Ⅲ类标准的河段3处,分别为北兴水文站、涌泉、倭肯河河口;Ⅳ类水质河段2处,分别为桃山水库、倭肯水文站,主要超标污染物为氨氮(最大超标1.0倍)、化学需氧量(最大超标0.6倍)和高锰酸盐指数(最大超标0.4倍);Ⅴ类水质河段1处,为长兴公路桥,主要超标污染物为氨氮(最大超标0.9倍)。

汛期水质评价与年度水质评价结果一致。

非汛期水质评价中,Ⅲ类水质河段2处,分别为涌泉、倭肯河河口;Ⅳ类水质河段4处,分别为北兴水文站、桃山水库、长兴公路桥和倭肯水文站,主要超标污染物为高锰酸盐指数(最大超标0.4倍)和氨氮(最大超标1.0倍)。

年度评价结果表明,倭肯河流域水质能达到或优于Ⅲ类标准的水质站点和Ⅳ～劣Ⅴ类水质的站点各占评价总数的50%,表现为有机污染型,水污染治理形势严峻,详见表4-3。

表4-3 倭肯河2020年水质监测成果评价表

序号	水质站名称	全年水质类别	全年主要污染项目及污染物最大超标倍数和极值	汛期水质类别	汛期主要污染项目及污染物最大超标倍数和极值	非汛期水质类别	非汛期主要污染项目及污染物最大超标倍数和极值
1	北兴水文站	Ⅲ类		Ⅲ类		Ⅳ类	高锰酸盐指数(0.1)[6.6]
2	桃山水库	Ⅳ类	化学需氧量(0.6)[32.0]、高锰酸盐指数(0.4)[8.4]	Ⅳ类	化学需氧量(0.6)[32.0]、高锰酸盐指数(0.3)[7.8]	Ⅳ类	高锰酸盐指数(0.4)[8.4]

(续表)

序号	水质站名称	全年水质类别	全年主要污染项目及污染物最大超标倍数和极值	汛期水质类别	汛期主要污染项目及污染物最大超标倍数和极值	非汛期水质类别	非汛期主要污染项目及污染物最大超标倍数和极值
3	长兴公路桥	V类	氨氮(0.9)[1.93]	V类	氨氮(0.9)[1.93]	IV类	氨氮(0.2)[1.21]
4	倭肯水文站	IV类	氨氮(1.0)[2.05]、高锰酸盐指数(0.4)[8.2]	IV类	氨氮(0.7)[1.69]、高锰酸盐指数(0.1)[6.4]	IV类	氨氮(1.0)[2.05]、高锰酸盐指数(0.4)[8.2]
5	涌泉	III类		III类		III类	
6	倭肯河河口	III类		III类		III类	

注：表中"（）"中数据为最大超标倍数；"[ ]"中数据为极值,单位 mg/L。下文同。

(2) 讷谟尔河流域地表水质量现状评价

讷谟尔河是嫩江左岸的一大支流,位于黑龙江省西部,发源于小兴安岭南麓佛仑山岭（北安市双龙泉附近）。讷谟尔河从发源地自东南向西北穿过讷谟尔山口后转向南,跨越黑龙江省黑河和齐齐哈尔两个地区的北安市、五大连池市、克山县、讷河市,于讷河市西南 39.6 km 处汇入嫩江。讷谟尔河属山区半山区性长流河,流域地形多变,河道复杂,整个河流大致分为上、中、下三段。讷谟尔山口以上为上游,讷谟尔山口至五大连池市团结村为中游,五大连池市团结村至讷河市六合镇海塘泡为下游。河流全长 498 km,流域面积 13 851 km²。

2020 年讷谟尔河干流设有水质监测断面 4 个,分别为德都、山口水库、龙河镇和讷河（二）。其中德都和讷河（二）全年各监测 12 次（每月 1 次）,山口水库和龙河镇全年各监测 3 次（2 月、6 月、10 月各 1 次）。以 III 类水质为标准,采用年均值法进行水质评价。

年度水质评价中,水质优于或符合《地表水环境质量标准》（GB 3838—2002）III 类标准的河段 2 处,分别为龙河镇和讷河（二）站；IV 类水质河段 1 处,为德都站,主要超标污染物为高锰酸盐指数（最大超标 0.6 倍）；V 类水质河段 1 处,为山口水库,主要超标污染物为化学需氧量（最大超标 0.8 倍）和高锰酸盐指数(最大超标 0.3 倍)。

汛期水质评价中,Ⅲ类水质河段 1 处,为龙河镇站;Ⅳ类水质河段 3 处,分别为德都、山口水库和讷河(二)站,主要超标污染物为高锰酸盐指数(最大超标 0.6 倍)。

非汛期水质评价中,Ⅲ类水质河段 3 处,分别为德都、龙河镇和讷河(二)站;Ⅴ类水质河段 1 处,为山口水库,主要超标污染物为化学需氧量(最大超标 0.8 倍)。

年度评价结果表明,讷谟尔河流域水质能达到Ⅲ类标准的水质站点和Ⅳ～劣Ⅴ类水质的站点各占评价总数的 50%,表现为有机型污染,水污染治理形势严峻。详见表 4-4。

表 4-4　讷谟尔河 2020 年水质监测成果评价表

序号	水质站名称	全年水质类别	全年主要污染项目及污染物最大超标倍数和极值	汛期水质类别	汛期主要污染项目及污染物最大超标倍数和极值	非汛期水质类别	非汛期主要污染物超标项目及污染物最大超标倍数和极值
1	德都	Ⅳ类	高锰酸盐指数(0.6)[9.9]	Ⅳ类	高锰酸盐指数(0.3)[7.8]	Ⅲ类	高锰酸盐指数(0.6)[9.9]
2	山口水库	Ⅴ类	化学需氧量(0.8)[37.0]、高锰酸盐指数(0.3)[8.0]	Ⅳ类	高锰酸盐指数(0.3)[8.0]	Ⅴ类	化学需氧量(0.8)[37.0]
3	龙河镇	Ⅲ类		Ⅲ类		Ⅲ类	
4	讷河(二)	Ⅲ类	高锰酸盐指数(0.6)[9.7]	Ⅳ类	高锰酸盐指数(0.6)[9.7]	Ⅲ类	高锰酸盐指数(0.2)[7.2]

(3) 挠力河流域地表水质量现状评价

挠力河是乌苏里江的一级支流,发源于那丹哈达岭,黑龙江省七台河市东南部,河流自西南流向东北。宝清以上为上游区,区内主要有宝清县、五九七农场、八五二农场;宝清至菜咀子为中游区,区内主要有富锦市宏胜镇、农垦大兴农场、创业农场、八五三农场、红旗岭农场;菜咀子以下为下游区,区内有饶河县、农垦红卫农场、胜利农场。于饶河县东安镇附近汇入乌苏里江,全长 609 km,流域总面积 22 495 km²。

2020 年挠力河干流设有水质监测断面 5 个,分别为八五一一农场 16

队、宝清、菜咀子、龙头桥水库和小佳河镇。其中宝清和菜咀子全年各监测12次（每月1次），八五一一农场16队、龙头桥水库和小佳河镇全年各监测3次（2月、6月、10月各1次）。以Ⅲ类水质为标准，采用年均值法进行水质评价。

年度水质评价中，水质优于或符合《地表水环境质量标准》(GB 3838—2002)Ⅲ类标准的河段3处，分别为八五一一农场16队、宝清和龙头桥水库；Ⅳ类水质河段2处，分别为菜咀子和小佳河镇，主要超标污染物为氨氮（最大超标1.7倍）、化学需氧量（最大超标0.9倍）和总磷（最大超标0.4倍）。

汛期水质评价中，Ⅲ类水质河段2处，分别为八五一一农场16队和龙头桥水库；Ⅳ类水质河段3处，分别为宝清、菜咀子和小佳河镇，主要超标污染物为化学需氧量（最大超标0.9倍）、总磷（最大超标0.8倍）和高锰酸盐指数（最大超标0.3倍）。

非汛期水质评价中，Ⅲ类水质河段3处，分别为八五一一农场16队、宝清和龙头桥水库；Ⅳ类水质河段2处，分别为菜咀子和小佳河镇，主要超标污染物为氨氮（最大超标1.7倍）、化学需氧量（最大超标0.9倍）和总磷（最大超标0.3倍）。

年度评价结果表明，挠力河流域水质能达到Ⅲ类标准的水质站点占评价总数的60%，超标河段污染类型为有机型污染。详见表4-5。

表4-5 挠力河2020年水质监测成果评价表

序号	水质站名称	全年水质类别	全年主要污染项目及污染物最大超标倍数和极值	汛期水质类别	汛期主要污染项目及其污染物最大超标倍数和极值	非汛期水质类别	非汛期主要污染项目及其污染物最大超标倍数和极值
1	八五一一农场16队	Ⅲ类		Ⅲ类		Ⅲ类	
2	宝清	Ⅲ类	化学需氧量(0.9)[38.0]、总磷(0.8)[0.37]、高锰酸盐指数(0.1)[6.6]	Ⅳ类	化学需氧量(0.9)[38.0]、总磷(0.8)[0.37]、高锰酸盐指数(0.1)[6.6]	Ⅲ类	

(续表)

序号	水质站名称	全年水质类别	全年主要污染项目及污染物最大超标倍数和极值	汛期水质类别	汛期主要污染项目及其污染物最大超标倍数和极值	非汛期水质类别	非汛期主要污染项目及其污染物最大超标倍数和极值
3	菜咀子	Ⅳ类	氨氮(1.7)[2.66]、化学需氧量(0.9)[38.0]、总磷(0.4)[0.28]	Ⅳ类	高锰酸盐指数(0.3)[7.9]、总磷(0.4)[0.28]	Ⅳ类	氨氮(1.7)[2.66]、化学需氧量(0.9)[38.0]、总磷(0.3)[0.26]
4	龙头桥水库	Ⅲ类		Ⅲ类		Ⅲ类	
5	小佳河镇	Ⅳ类	高锰酸盐指数(0.2)[7.1]	Ⅳ类	高锰酸盐指数(0.2)[7.1]	Ⅳ类	高锰酸盐指数(0.2)[6.9]

(4) 汤旺河流域地表水质量现状评价

汤旺河是松花江左岸的一级支流,是黑龙江省十大主要江河之一,河流全长454 km。汤旺河流域属松花江水系,流域总面积20 778 km²。汤旺河共汇集大小支流611条,其中集水面积50 km²以上的有120条。左岸较大支流有大丰河、五道库河、朱拉比拉河等;右岸较大支流有西汤旺河、友好河、双子河、伊春河、西南岔河等。全境属温带大陆性季风气候,冬季寒冷漫长,夏季高温多雨。流域面积的98%属于伊春市,2%属于汤原县。伊春市位于黑龙江省东北部的小兴安岭山脉,地理位置介于黑龙江和松花江两大水系之间。伊春市城区地域广袤、人口偏少,15个区中有11个区沿汤旺河干流分布,属卫星城镇。汤原县的一部分位于汤旺河下游,左岸是汤原县政府所在地——汤原镇。

2020年汤旺河干流设有水质监测断面8个,分别为汤原大桥、晨明、浩良河、金山屯、汤旺、五营、伊新和友好(上)。其中晨明、五营和伊新全年各监测12次(每月1次),其余站点全年各监测3次(2月、6月、10月各1次)。以Ⅲ类水质为标准,采用年均值法进行水质评价。

年度水质评价中,水质优于或符合《地表水环境质量标准》(GB 3838—2002)Ⅲ类标准的河段3处,分别为晨明、金山屯和伊新;Ⅳ类水质河段2

处,分别为汤原大桥和五营,主要超标污染物为化学需氧量(最大超标 1.8 倍)和高锰酸盐指数(最大超标 0.5 倍);Ⅴ类水质河段 2 处,分别为浩良河和友好(上),主要超标污染物为化学需氧量(最大超标 1.7 倍);劣Ⅴ类水质河段 1 处,为汤旺,主要超标污染物为化学需氧量(最大超标 1.8 倍)。

汛期水质评价中,Ⅲ类水质河段 1 处,为金山屯;Ⅳ类水质河段 3 处,分别为汤原大桥、晨明和伊新,主要超标污染物为化学需氧量(最大超标 1.0 倍)和高锰酸盐指数(最大超标 0.6 倍);劣Ⅴ类水质河段 4 处,分别为浩良河、汤旺、五营和友好(上),主要超标污染物为化学需氧量(最大超标 1.8 倍)和高锰酸盐指数(最大超标 0.5 倍)。

非汛期水质评价中,Ⅲ类水质河段 6 处,分别为晨明、浩良河、金山屯、五营、伊新和友好(上);Ⅳ类水质河段 1 处,为汤原大桥,主要超标污染物为高锰酸盐指数(最大超标 0.2 倍);Ⅴ类水质河段 1 处,为汤旺,主要超标污染物为化学需氧量(最大超标 0.6 倍)。

综合全年评价结果,汤旺河流域非汛期水质明显好于汛期水质,非汛期能达到Ⅲ类标准的水质站点占评价总数的 75.0%,而汛期能达到Ⅲ类标准的水质站点仅占评价总数的 12.5%,超标河段主要为有机型污染。这说明汛期降雨使得土壤中的有机质随地表径流大量进入河道,导致水体中化学需氧量或高锰酸盐指数增加,对水质影响较大。详见表 4-6。

表 4-6 汤旺河 2020 年水质监测成果评价表

序号	水质站名称	全年水质类别	全年主要污染项目及污染物最大超标倍数和极值	汛期水质类别	汛期主要污染项目及污染物最大超标倍数和极值	非汛期水质类别	非汛期主要污染项目及污染物最大超标倍数和极值
1	汤原大桥	Ⅳ类	高锰酸盐指数(0.3)[7.9]	Ⅳ类	高锰酸盐指数(0.3)[7.9]	Ⅳ类	高锰酸盐指数(0.2)[7.5]
2	晨明	Ⅲ类	化学需氧量(1.0)[39.0]、高锰酸盐指数(0.6)[9.9]	Ⅳ类	化学需氧量(1.0)[39.0]、高锰酸盐指数(0.6)[9.9]	Ⅲ类	
3	浩良河	Ⅴ类	化学需氧量(1.0)[41.0]	劣Ⅴ类	化学需氧量(1.0)[41.0]	Ⅲ类	

(续表)

序号	水质站名称	站(点)水质状况					
		全年水质类别	全年主要污染项目及污染物最大超标倍数和极值	汛期水质类别	汛期主要污染项目及污染物最大超标倍数和极值	非汛期水质类别	非汛期主要污染项目及污染物最大超标倍数和极值
4	金山屯	Ⅲ类		Ⅲ类		Ⅲ类	
5	汤旺	劣Ⅴ类	化学需氧量(1.8)[55.0]	劣Ⅴ类	化学需氧量(1.8)[55.0]	Ⅴ类	化学需氧量(0.6)[32.5]
6	五营	Ⅳ类	化学需氧量(1.8)[56.0]、高锰酸盐指数(0.5)[8.8]	劣Ⅴ类	化学需氧量(1.8)[56.0]、高锰酸盐指数(0.5)[8.8]	Ⅲ类	
7	伊新	Ⅲ类	化学需氧量(0.8)[37.0]、高锰酸盐指数(0.2)[7.1]	Ⅳ类	化学需氧量(0.8)[37.0]、高锰酸盐指数(0.2)[7.1]	Ⅲ类	
8	友好(上)	Ⅴ类	化学需氧量(1.7)[54.0]	劣Ⅴ类	化学需氧量(1.7)[54.0]	Ⅲ类	

(5) 穆棱河流域地表水质量现状评价

穆棱河是黑龙江省的主要河流,也是乌苏里江左岸最大的支流。其发源于完达山老爷岭东坡的窝集岭,由西南向东北流经穆棱、鸡西、鸡东、密山、虎林等县市,并由八五七农场东北的湖北闸分为两路,一路向东流入乌苏里江,一路向南进入小兴凯湖。河流总长834 km,流域面积18 136 km²。

2020年穆棱河干流设有水质监测断面11个,分别为湖北闸、虎林、虎头、鸡东、梨树镇、密山桥、穆棱河河口、永安、和平村、穆棱和团结水库。其中湖北闸、鸡东、梨树镇、密山桥和穆棱全年各监测12次(每月1次),其余站点全年各监测3次(2月、6月、10月各1次)。以Ⅲ类水质为标准,采用年均值法进行水质评价。

年度水质评价中,水质优于或符合《地表水环境质量标准》(GB 3838—2002)Ⅲ类标准的河段5处,分别为虎林、虎头、梨树镇、密山桥和穆棱河河口;Ⅳ类水质河段3处,分别为湖北闸、鸡东和永安,主要超标污染物为总磷(最大超标2.0倍)、氨氮(最大超标1.0倍);Ⅴ类水质河段3处,分别为和平村、穆棱和团结水库,主要超标污染物为化学需氧量(最大超标1.5倍)、总磷(最大超标1.0倍)、氨氮(最大超标0.2倍)。

汛期水质评价中,Ⅲ类水质河段2处,分别为虎头和穆棱河河口;Ⅳ类水质河段1处,为梨树镇,主要超标污染物为化学需氧量(最大超标0.9倍)、总磷(最大超标0.5倍)和高锰酸盐指数(最大超标0.03倍);Ⅴ类水质河段7处,分别为湖北闸、虎林、鸡东、密山桥、永安、穆棱和团结水库,主要超标污染物为总磷(最大超标2.0倍)、化学需氧量(最大超标1.5倍)和氨氮(最大超标0.6倍);劣Ⅴ类水质河段1处,为和平村,主要超标污染物为化学需氧量(最大超标1.1倍)和总磷(最大超标1.0倍)。

非汛期水质评价中,Ⅱ类水质河段3处,分别为虎林、虎头和穆棱河河口;Ⅲ类水质河段5处,分别为湖北闸、鸡东、梨树镇、密山桥和永安;Ⅳ类水质河段1处,为和平村,主要超标污染物为氨氮(最大超标0.2倍);Ⅴ类水质河段2处,为穆棱、团结水库,主要超标污染物为化学需氧量(最大超标1.1倍)、高锰酸盐指数(最大超标0.2倍)和氨氮(最大超标0.2倍)。

综合全年评价结果,穆棱河流域非汛期水质明显好于汛期水质,非汛期水质能达到Ⅲ类及以上标准的站点占评价总数的72.7%,而汛期水质能达到Ⅲ类标准的站点仅占评价总数的18.2%,超标河段主要污染物为总磷和化学需氧量。水质分析表明,穆棱河水质以有机污染为主,且汛期有机污染指数最高,说明面源污染对水质的影响显著。流域面上的森林及草原等植被残余、耕地上的化肥及农药残余、沿河工业废弃物及生活垃圾等固体废弃物,在雨季时随暴雨径流进入河道,使得汛期水质下降。详见表4-7。

表4-7 穆棱河2020年水质监测成果评价表

序号	水质站名称	全年水质类别	全年主要污染项目及污染物最大超标倍数和极值	汛期水质类别	汛期主要污染项目及污染物最大超标倍数和极值	非汛期水质类别	非汛期主要污染项目及污染物最大超标倍数和极值
1	湖北闸	Ⅳ类	总磷(1.0)[0.40]、氨氮(0.7)[1.70]	Ⅴ类	总磷(1.0)[0.40]	Ⅲ类	总磷(1.0)[0.39]、氨氮(0.7)[1.70]
2	虎林	Ⅲ类		Ⅴ类	氨氮(0.6)[1.59]	Ⅱ类	
3	虎头	Ⅲ类	氨氮(0.6)[1.59]	Ⅲ类		Ⅱ类	

(续表)

序号	水质站名称	全年水质类别	全年主要污染项目及污染物最大超标倍数和极值	汛期水质类别	汛期主要污染项目及污染物最大超标倍数和极值	非汛期水质类别	非汛期主要污染项目及污染物最大超标倍数和极值
4	鸡东	Ⅳ类	总磷(2.0)[0.59]、氨氮(1.0)[1.99]、氟化物(0.7)[1.69]	Ⅴ类	总磷(2.0)[0.59]、化学需氧量(0.6)[32.0]、氨氮(0.1)[1.08]、高锰酸盐指数(0.1)[6.6]	Ⅲ类	氨氮(1.0)[1.99]、氟化物(0.7)[1.69]、总磷(0.2)[0.23]
5	梨树镇	Ⅲ类	氨氮(1.0)[1.95]、化学需氧量(0.9)[38.0]、总磷(0.5)[0.30]	Ⅳ类	化学需氧量(0.9)[38.0]、总磷(0.5)[0.30]、高锰酸盐指数(0.03)[6.2]	Ⅲ类	氨氮(1.0)[1.95]、化学需氧量(0.7)[34.0]
6	密山桥	Ⅲ类	总磷(1.2)[0.43]、氨氮(0.8)[1.83]、氟化物(0.3)[1.33]	Ⅴ类	总磷(1.2)[0.43]、高锰酸盐指数(0.1)[6.8]	Ⅲ类	氨氮(0.8)[1.83]、氟化物(0.3)[1.33]、总磷(0.05)[0.21]
7	穆棱河河口	Ⅲ类		Ⅲ类		Ⅱ类	
8	永安	Ⅳ类	总磷(1.0)[0.39]、高锰酸盐指数(0.1)[6.8]	Ⅴ类	总磷(1.0)[0.39]、高锰酸盐指数(0.1)[6.8]	Ⅲ类	
9	和平村	Ⅴ类	化学需氧量(1.1)[42.0]、总磷(1.0)[0.40]、氨氮(0.2)[1.16]	劣Ⅴ类	化学需氧量(1.1)[42.0]、总磷(1.0)[0.40]	Ⅳ类	氨氮(0.2)[1.16]
10	穆棱	Ⅴ类	化学需氧量(1.5)[50.0]、高锰酸盐指数(0.2)[7.4]、氨氮(0.2)[1.22]	Ⅴ类	化学需氧量(1.5)[50.0]、高锰酸盐指数(0.2)[7.4]	Ⅴ类	化学需氧量(1.1)[42.0]、高锰酸盐指数(0.2)[7.2]、氨氮(0.2)[1.22]
11	团结水库	Ⅴ类	化学需氧量(0.9)[38.0]	Ⅴ类	化学需氧量(0.8)[35.0]	Ⅴ类	化学需氧量(0.9)[38.0]

(6) 呼兰河流域地表水质量现状评价

呼兰河是松花江中游左岸的一条大支流,位于中国黑龙江省中部,是黑龙江省较大的内河之一。呼兰河发源于小兴安岭西侧,流经铁力、庆安、绥化、兰西、呼兰等13个市、县、区,在哈尔滨呼兰区注入松花江,全长506 km,总流域面积35 683 km²,是黑龙江省中部地区一条重要的河流,为沿岸提供生产、生活用水。

2020年呼兰河干流设有水质监测断面7个,分别为呼口大桥、兰西、秦家、双榆、绥胜排干入河口(上)、神树镇和铁力。其中兰西、秦家和铁力全年各监测12次(每月1次),其余站点全年各监测3次(2月、6月、10月各1次)。以Ⅲ类水质为标准,采用年均值法进行水质评价。

年度水质评价中,水质符合《地表水环境质量标准》(GB 3838—2002)Ⅱ~Ⅲ类标准的河段6处,分别为呼口大桥、兰西、秦家、绥胜排干入河口(上)、神树镇和铁力;Ⅳ类水质河段1处,为双榆,主要超标污染物为高锰酸盐指数(最大超标0.1倍)。

汛期水质评价中,Ⅲ类水质河段4处,分别为兰西、绥胜排干入河口(上)、神树镇和铁力;Ⅳ类水质河段3处,分别为呼口大桥、秦家和双榆,主要超标污染物为高锰酸盐指数(最大超标0.8倍)。

非汛期水质评价中,7处站点均为Ⅱ~Ⅲ类水质,其中秦家、铁力为Ⅱ类水质,呼口大桥、兰西、双榆、绥胜排干入河口(上)和神树镇为Ⅲ类水质。

综合全年评价结果,呼兰河流域非汛期水质明显好于汛期水质,非汛期能达到Ⅲ类及以上水质标准的站点占评价总数的100%,而汛期能达到Ⅲ类标准的水质站点占评价总数的57.1%,超标河段主要污染物为高锰酸盐指数。水质分析表明,呼兰河水质以有机污染为主,且汛期水质明显变差,说明流域面上的森林及草原等植被残余、耕地上的化肥及农药残余、沿河工业废弃物及生活垃圾等固体废弃物,在雨季时随暴雨径流进入河道,使得汛期水质下降。详见表4-8。

表 4-8 呼兰河 2020 年水质监测成果评价表

序号	水质站(点)名称	全年水质类别	全年主要污染项目及污染物最大超标倍数和极值	汛期水质类别	汛期主要污染项目及其污染物最大超标倍数和极值	非汛期水质类别	非汛期主要污染项目及其污染物最大超标倍数和极值
1	呼口大桥	Ⅲ类	高锰酸盐指数(0.1)[6.5]	Ⅳ类	高锰酸盐指数(0.1)[6.5]	Ⅲ类	
2	兰西	Ⅲ类	高锰酸盐指数(0.6)[9.8]、氨氮(0.6)[1.56]	Ⅲ类	高锰酸盐指数(0.3)[7.9]	Ⅲ类	高锰酸盐指数(0.6)[9.8]、氨氮(0.6)[1.56]
3	秦家	Ⅲ类	高锰酸盐指数(0.3)[7.9]	Ⅳ类	高锰酸盐指数(0.8)[10.5]	Ⅱ类	
4	双榆	Ⅳ类	高锰酸盐指数(0.1)[6.4]	Ⅳ类	高锰酸盐指数(0.1)[6.4]	Ⅲ类	
5	绥胜排干入河口(上)	Ⅲ类		Ⅲ类		Ⅲ类	
6	神树镇	Ⅲ类		Ⅲ类		Ⅲ类	
7	铁力	Ⅱ类		Ⅲ类		Ⅱ类	

4.2 天然水化学类型分析

地表水水化学类型采用阿列金分类法,按水体中阴阳离子的优势成分和阴阳离子间的比例关系确定水化学类型,具体见图 4-6。

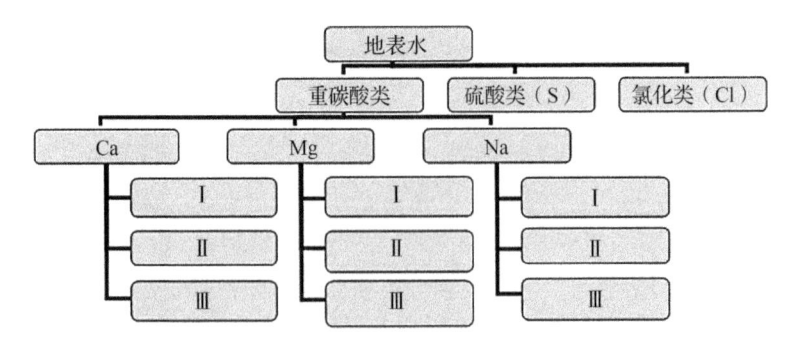

图 4-6 地表水水化学类型分类示意图

经统计，全省地表水化学类型均为重碳酸类。其中，C_I^{Ca} 型站点数为 27 个，占总数的 30%；C_{II}^{Ca} 型站点 24 个，占 26.7%，C_{III}^{Ca} 型站点 30 个，占 33.3%；C_I^{Na} 型站点 4 个，占 4.4%；C_I^{Mg} 型站点 3 个，占 3.3%；C_{II}^{Mg} 型站点和 S_{II}^{Ca} 型站点各 1 个，各占 1.1%。

倭肯河水化学类型监测站点 1 个，为倭肯站，位于七台河市勃利县。经测定，该站点水化学类型为 C_I^{Ca} 型。

汤旺河水化学类型监测站点 3 个，分别为五营、晨明和伊新站，位于伊春市境内。经测定，其水化学类型分别为 C_{II}^{Ca} 型、C_{III}^{Ca} 型和 C_{III}^{Ca} 型。

讷谟尔河水化学类型监测站点 1 个，为德都站，位于黑河市五大连池市。经测定，该站点水化学类型为 C_{II}^{Ca} 型。

挠力河水化学类型监测站点 2 个，分别为宝清和菜咀子站，位于双鸭山市境内。经测定，其水化学类型分别为 C_{II}^{Ca} 型和 C_I^{Na} 型。

穆棱河水化学类型监测站点 3 个，分别为穆棱、鸡东和湖北闸站，分别位于牡丹江市和鸡西市境内。经测定，其水化学类型为 C_{III}^{Ca} 型、C_{III}^{Ca} 型和 C_{II}^{Ca} 型。

呼兰河化学类型监测站点 3 个，分别为铁力、兰西和秦家站，分别位于伊春市和绥化市境内。经测定，其水化学类型为 C_{III}^{Ca} 型、C_I^{Na} 型和 C_I^{Na} 型。

4.3 水质变化态势分析

4.3.1 倭肯河水质变化态势分析

倭肯河 2010—2020 年监测水质站点 6 处，自 2010 年以来，整体水质较差，多数为Ⅳ～劣Ⅴ类水质，其中北兴水文站主要是汛期高锰酸盐指数偏高，桃山水库全年高锰酸盐指数偏高，长兴公路桥、倭肯水文站全年氨氮和高锰酸盐指数偏高，涌泉、倭肯河河口非汛期氨氮偏高。倭肯河流域地表水水质污染为有机污染。

4.3.2 讷谟尔河水质变化态势分析

讷谟尔河 2010—2020 年监测水质站点 2 处,分别为德都和龙河镇,自 2010 年以来,德都站只有 2015 年、2017 年和 2019 年为Ⅲ类水质,其余年份均为Ⅳ类水质,主要是汛期高锰酸盐指数偏高;龙河镇水质相对较好,2013—2015 年为Ⅳ类水质,2016—2020 年均为Ⅲ类水质,水质超标年份主要是汛期高锰酸盐指数偏高。

4.3.3 挠力河水质变化态势分析

挠力河 2010—2020 年监测水质站点 5 处,2010—2017 年基本为Ⅳ～Ⅴ类水质,其中八五一一农场 16 队、龙头桥水库全年高锰酸盐指数偏高,宝清 4—10 月高锰酸盐指数偏高,菜咀子氨氮、化学需氧量偏高,小佳河镇非汛期氨氮、化学需氧量偏高。2018—2020 年部分河段水质有所好转,宝清和龙头桥水库河段水质转变为Ⅲ类水质,八五一一农场 16 队河段也转变为Ⅲ类水质,菜咀子、小佳河镇河段水质没有明显改变,主要超标污染物仍然为氨氮、化学需氧量。

4.3.4 汤旺河水质变化态势分析

汤旺河 2010—2020 年监测水质站点 8 处,2010—2017 年基本为Ⅳ～劣Ⅴ类水质,全线主要超标污染物为化学需氧量或高锰酸盐指数。2018—2020 年部分河段水质有所好转,其中金山屯和晨明 2018 年、2020 年均为Ⅲ类水质,伊新 2020 年为Ⅲ类水质,其余站点仍为Ⅳ～劣Ⅴ类水质,主要超标污染物为化学需氧量或高锰酸盐指数。

4.3.5 穆棱河水质变化态势分析

穆棱河 2010—2020 年监测水质站点 9 处,其中湖北闸基本为Ⅳ类水质,主要超标原因为非汛期氨氮偏高;虎林 2012—2020 年均为Ⅲ类水质;虎头水质较好,2012—2020 年为Ⅱ～Ⅲ类水质;鸡东水质较差,2010—2016 年基本为劣Ⅴ类水质,2017 年以后水质有所好转,转变为Ⅳ类水质,主要超标污染物仍然为氨氮、化学需氧量或高锰酸盐指数;梨树镇 2010—2018 年多数为Ⅳ类水质,主要超标污染物为氨氮、化学需氧量或高锰酸盐指数,2019 年、2020 年转变为Ⅲ类水质;穆棱河河口 2011—2017 年基本为Ⅴ~劣Ⅴ类水质,主要超标污染物为氨氮,且均为非汛期超标,2018—2020 年水质有所好转,为Ⅲ~Ⅳ类水质,主要超标污染物仍为氨氮;永安、穆棱、团结水库基本为Ⅳ~Ⅴ类水质,主要超标污染物均为化学需氧量或高锰酸盐指数。

4.3.6 呼兰河水质变化态势分析

呼兰河 2010—2020 年监测水质站点 5 处,总体来说水质较好。其中兰西 2010—2014 年基本为Ⅳ类水质,主要超标原因为非汛期氨氮偏高,汛期高锰酸盐指数或化学需氧量偏高,2015 年以后水质有所好转,2015—2020 年均为Ⅲ类水质;双榆 2010—2013 年基本为Ⅴ类水质,主要超标污染物为高锰酸盐指数或化学需氧量,2014 年以后水质有所好转,2015—2019 年均为Ⅲ类水质,2020 年为Ⅳ类水质,高锰酸盐指数超标 0.1 倍;秦家、神树镇和铁力段水质较好,为Ⅱ~Ⅲ类水质。

4.4　水环境状况及存在问题

4.4.1　倭肯河流域水环境状况及存在问题

倭肯河整体水质较差,常年不达标,多数为Ⅳ~劣Ⅴ类水质,导致水体中溶解氧大幅度下降的有机污染主要包括以下几方面。

(1) 化肥、农药污染

倭肯河流域地跨哈尔滨、佳木斯、七台河三市,沿岸以农田村镇为主。农业生产活动中使用的化肥和农药,会随地表径流进入地表水体,从而造成水体富营养化,使水质恶化。

(2) 农田退水

倭肯河下游地处哈尔滨市境内的依兰县,依兰县在国家政策的扶持下,实现了又好又快的发展,种植了大量的水稻。大量水稻的种植会产生农田退水问题,农田退水属于农业面源污染之一。

(3) 生活污水和禽畜养殖

倭肯河流域内城镇排水体制不健全,污水处理厂建设滞后,污水管网覆盖低,雨污分流不健全。绝大部分乡镇尚未建设污水处理厂,生活污水无序排放,通过各个支流排入倭肯河,污染水体。倭肯河流域内现有的运行中的污水处理厂生活污水处理率低,污水处理能力不足。

随着牲畜养殖量的增加,牲畜粪便的排放量也在不断增加,其形成的污水中含有大量的污染物质,一旦流入河流,将污染水体。

4.4.2 讷谟尔河流域水环境状况及存在问题

讷谟尔河水质能达到Ⅲ类标准的站点和Ⅳ~劣Ⅴ类水质的站点各占评价总数的50%,表现为汛期高锰酸盐指数偏高,地表水水质特征污染为有机型污染。具体而言,讷谟尔流域水环境问题表现在以下几个方面。

(1) 污染源叠加

讷谟尔河周边城市的生活污水,叠加农业耕作产生的农药和化肥等有机污染物和工业活动产生的污染物,导致耗氧有机物含量增加。

(2) 水土流失与植被退化

纳谟尔河流域地表植被覆盖少,雨季水土流失严重,部分地区土地水漠化敏感性高,土壤保持能力较弱,影响调蓄能力。

4.4.3 挠力河流域水环境状况及存在问题

挠力河水质能达到Ⅲ类标准的站点占评价总数的60%,超标河段主要污染为有机型污染。具体而言,挠力河流域水环境问题表现在以下几个方面。

(1) 生活污水为主要污染源之一

由于条件限制,污水处理设施缺乏,生活污水直接露天排放,污染地表水质。

(2) 雨污未分流

流域内没有实现雨污分流,造成雨水资源浪费。

(3) 农业面源污染普遍存在

流域内化肥、农药等农业投入品过量使用,畜禽粪便、农作物秸秆和农田残膜等农业废弃物不合理处置等问题,未能得到有效管控,农业面源污染普遍存在。

(4) 水土流失严重

挠力河源头区地势较陡,植被保土固土能力弱,加上耕地过度开发、不合理种植等,造成了大面积的水土流失,水土流失现象严重。

4.4.4 汤旺河流域水环境状况及存在问题

汤旺河非汛期水质明显好于汛期水质,非汛期多为Ⅲ类水质;汛期降雨使得土壤中的有机质随地表径流大量进入河道,导致水体中化学需氧量或高锰酸盐指数增加,对水质影响较大。

汤旺河地处小兴安岭林区,植被中有机质和腐殖质含量都很高,水体的背景值较高,土壤有机质在雨季会随地表径流汇入河流,从而使水体有机物含量增加。有机污染物浓度相对升高,导致汤旺河流域基本达不到Ⅲ类水质,且污染严重。

4.4.5 穆棱河流域水环境状况及存在问题

穆棱河虎林、虎头两河段水质较好,其余河段主要超标污染物为氨氮、化学需氧量或高锰酸盐指数。且汛期有机污染指数最高,农业面源污染对水质的影响显著。

流域面上的森林、草原等植被残余,耕地上的化肥及农药残余,沿河工业废弃物、生活垃圾等固体废弃物,在雨季时随暴雨径流进入河道,使得汛期水质下降。具体而言,穆棱河流域水环境问题表现在以下几个方面。

(1) 污染物背景值较高

流域内,生活垃圾的倾倒及石墨、洗煤、化工等工业废水的排放,加上雨季时山洪、泥石流对河道的入侵,导致该流域污染物背景值较高。

(2) 过度采砂、捞沙

穆棱河沿岸分布有数十个采砂点,为了获取水洗砂,直接从穆棱河掏挖河砂。过度采砂既破坏了河道,又破坏了水质,还加重了河道的淤积,使河堤抵御洪水的能力大打折扣。

4.4.6 呼兰河流域水环境状况及存在问题

呼兰河流域非汛期水质明显好于汛期水质,非汛期为Ⅲ类水质,而汛期能达到Ⅲ类水质的站点占 57.1%,超标河段主要污染物为高锰酸盐指数。具体而言,呼兰河流域水环境问题表现在以下几个方面。

(1) 农村生活污染较为严重

呼兰河沿河分散着许多大大小小的村落。由于农村基础设施落后,卫生环境状况较差,绝大多数没有下水道系统和污水处理设施,居民生活污水往往未经任何处理便直接排入水体或土地系统,导致水环境状况下降。

(2) 农业面源污染普遍

呼兰河流域农业发达,农业耕作产生的农药和化肥等有机污染物进入河流,导致耗氧有机物含量增加。此外,流域面上的森林、草原等植被残余,耕地上的化肥及农药残余,沿河工业废弃物、生活垃圾等固体废弃物,在雨季时随暴雨径流进入河道,使得汛期水质下降。

5

生态流量分析

5 生态流量分析

生态流量（水量）指标主要指生态基流。

河流生态基流是指维持河湖给定的生态环境保护目标对应的生态环境功能不丧失，需要保留在河道内的最小水量（流量、水位、水深）及其过程。基本生态环境需水量是河湖生态环境需水要求的下限，包括生态基流、敏感期生态需水量、不同时段需水量和全年需水量等指标。其中，生态基流是其过程中的最小值，一般用月均流量（或水量）表征。根据时段的不同，需水量可分为汛期、非汛期两个时段，对于封冻期较长的地区，还应包括冰冻期时段。

根据《全国水资源调查评价生态水量调查评价补充技术细则》，结合黑龙江省实际，采用与第三次全国水资源调查评价一致的评价分期，即汛期（6—9月）、非汛期（4—5月，10—11月）和冰冻期（1—3月和12月）分期汇总。

目前生态基流计算方法可分为四类，即水文学法、水力分级法、生境模拟法和整体分析法。其中最具代表性的方法是水文学法，它以历史流量为基础确定河道最小环境需水量。该方法主要依据水文学数据，应用研究区域大量的历史实测资料进行分析计算。其优点在于如果水文资料是正确的，就能很快得出结果，操作简单；其缺点是没有明确考虑栖息地、水质和水温等因素。水文学法主要有 Tennant（蒙大拿）法、频率曲线法和 Qp 法。

5.1 生态流量计算方法

采用《河湖生态环境需水计算规范》（SL/Z 712—2021）推荐的计算方法和确定原则，本次选用 Qp 法、频率曲线法和 Tennant 法。由于黑龙江省冬季冰冻期来水量较小,且冰冻期大部分河流封冻,基本无取用水户,因此,冰冻期生态基流下泄原则为来多少泄多少,其他时段按汛期、非汛期分别计算。

5.1.1 Tennant(蒙大拿)法

Tennant法又称蒙大拿法,是田纳特(Tennant.D.L)于1976年提出来的,是美国常用的生态流量计算方法之一。它是依据观测资料而建立起来的流量和栖息地质量之间的经验关系,仅仅使用历史流量资料就可以确定生态需水量,使用起来简单、方便,是综合型计算方法,一般具有宏观的定性指导意义。河流流量推荐值是以预先确定的年平均流量的百分数为基础的一种静态分析方法,依据观测资料建立流量和河流生态环境状况之间的经验关系,用历史流量资料确定年内不同时段的生态环境需水量。该方法的优点是不需要现场观测,在有水文站点的河流,年平均流量的估算可以从历史资料中获得,在没有水文站点的河流可通过可以接受的水文技术获得,该方法也可以在生态资料缺乏的地区使用。

使用该方法时,应注意方法中各个参数的含义,在流量百分比和栖息地关系表中的年平均流量是天然状态下的多年平均流量,其中某个百分比的流量是瞬时流量。

Tennant法不仅适用于有水文站点的季节性变化河流,而且适用于没有水文站点的河流。这种方法设有8个等级,推荐的基流分汛期和非汛期,即根据不同时段(4—9月为鱼类产卵、育幼期,10—3月为一般生长期)流量对水生生物(如鱼类)的重要性,可以给出不同的径流比例,计算河流的生态需水量。推荐值以占径流量的百分比作为标准,具体标准详见表5-1。

表5-1 保护鱼类、野生动物等栖息地的推荐河流流量

不同流量百分比对应河道内生态环境状况	最大	最佳	极好	非常好	好	中	差	极差
占同时段多年平均天然流量百分比(年内较枯时段)(%)	200	60~100	40	30	20	10	10	0~10
占同时段多年平均天然流量百分比(年内较丰时段)(%)	200	60~100	60	50	40	30	10	0~10

结合黑龙江省各河流水资源状况及水利资源开发利用程度,各时段河流生态需水量百分比详见表 5-2。

表 5-2　不同河道内目标生态环境需水量对应的流量百分比　　单位:%

河流名称	占同时段多年年均天然流量百分比（年内较枯时段）	占同时段多年年均天然流量百分比（年内较丰时段）
讷谟尔河	10	20
呼兰河	10	20
倭肯河	10	20
穆棱河	10	20
挠力河	10	20
汤旺河	10	20

5.1.2　频率曲线法

用长系列水文资料的月平均流量构建各月水文频率曲线,将某个累积频率相应的流量作为生态流量。一般取 95% 频率相应的月平均流量作为对应月份的节点基本生态环境需水量,将年内汛期、非汛期时段各月基本生态需水量的平均值作为汛期、非汛期的生态基流。

5.1.3　Qp 法

Qp 法又称不同频率最枯月平均值法,以节点长系列($n \geqslant 30$ 年)天然月平均流量、月平均水位或径流量(Q)为基础,用每年的最枯月排频,选择不同频率下的最枯月平均流量、月平均水位或径流量作为节点基本生态环境需水量的最小值。

频率 P 根据河湖资源开发利用程度、规模、来水情况等实际情况确定,宜取 90% 或 95%。对于存在冰冻期的河流或季节性河流,可将冰冻期和由于季节性造成的无水期排除在 Qp 法之外,只采用有天然径流量的月份排频得到。本次选取汛期、非汛期时段内最枯月天然平均流量,用各时段内最枯月排频,选取 90% 频率下最枯月平均流量作为汛期、非汛期生态基流。

Tennant 法、频率曲线法和 Qp 法是较为常用的水文学方法,本研究采用这三种方法计算,根据各条河流具体情况,采用符合河流实际的计算成果,并进行满足程度分析。

5.2 生态流量保障目标涉及的生态保护对象

本研究针对《松花江和辽河流域水资源综合规划》、《松花江流域综合规划(2012—2030 年)》以及《讷谟尔河流域水量分配方案》等成果中明确生态流量的重要河流及其主要控制断面,根据各河流生态流量保障实施方案,补充完善有关生态流量指标值,对已有指标进行复核。

主要控制断面的生态流量按照以下原则分析计算。

(1) 已有成果已经明确生态流量的断面,原则上采用已有成果。

山口水库、德都站和讷河站 3 个控制断面均已明确生态基流,且生态基流计算天然径流系列为 1956—2000 年。本次生态流量计算原则上采用 1956—2016 年天然径流系列进行复核,即水文系列原则上以 1956—2016 年天然系列确定生态流量(水量)目标,对于 1980—2016 年水文系列多年平均天然径流量较 1956—2000 年水文系列的变化幅度超过 10%(含)的主要控制断面,可以选用 1980—2016 年水文系列,采用原方法或按比例确定生态流量指标目标值。

(2) 已有成果中未涉及生态基流的断面,选择 Tennant 法、Qp 法、频率曲线法等综合确定,生态基流满足程度一般应达到 90%。

(3) 已有成果中未涉及基本生态水量的断面,各时段的基本生态水量可用 Qp 法或 Tennant 法等计算,相应参数取值应按照《河湖生态环境需水计算规范》(SL/Z 712—2021)等有关规定,并考虑水资源情势合理确定。

基本生态水量的全年值,根据基本生态水量的年内不同时段值加和得到。基本生态水量满足程度一般应达到 75%。

(4) 根据确定的主要控制断面的生态流量,按照河流水系的完整性,统筹协调上下游、干支流,确定河流水系的生态流量。

5.2.1 讷谟尔河

5.2.1.1 重要环境保护对象

据调查,讷谟尔河干流涉及的环境敏感区主要为黑龙江山口自然保护区、黑龙江讷谟尔河自然保护区,具体情况详见表5-3。

表5-3 讷谟尔河干流涉及的自然保护区

保护区名称	保护区级别	批准时间	所在地	主管部门	保护面积（hm²）
黑龙江山口自然保护区	省级	2002	五大连池市	林业	99 489.9
黑龙江讷谟尔河湿地自然保护区	省级	2007	讷河市	林业	56 304

黑龙江山口自然保护区坐落于讷谟尔河上游主要支流土鲁木河、二更河、木沟河、南北河和老道营等五条河流集水面积范围内。保护区总面积为 99 489.9 hm²,其中,核心区面积 40 710.0 hm²,缓冲区面积 29 135.7 hm²,实验区面积 29 644.2 hm²。

黑龙江讷谟尔河湿地自然保护区位于黑龙江省讷河市中部,是典型的河流湿地。保护区总面积为 56 304 hm²,其中,核心区面积 19 331 hm²,缓冲区面积 8 409 hm²,实验区面积 28 564 hm²。

5.2.1.2 讷谟尔河主要水文站

讷谟尔河干流上先后设有水文站5处,分别为上游山口水库站和北荣水文站,中游德都水文站和土泥浅水文站,下游讷河水文站。其中北荣和土泥浅水文站已停测多年,目前只有山口水库站、德都水文站和讷河水文站有观测资料。讷谟尔河流域水系及测站分布情况见图 5-1。

(1) 山口水文站

山口水文站建于1958年6月,集水面积 3 745 km²,1983年11月停测,有26年观测资料,同年将断面下移5 km,改为北荣水文站,2002年以后山口水库完成蓄水,北荣水文站撤销,山口水库站开始有连续观测资料。

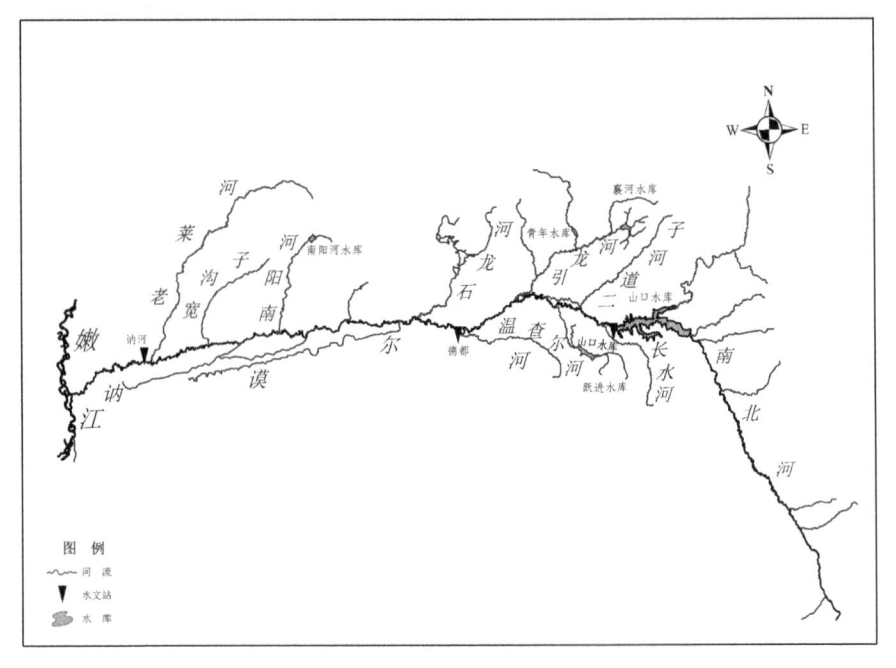

图 5-1　讷谟尔河流域水系及测站分布示意图

(2) 德都水文站

德都水文站建于 1956 年 7 月，原为水位站，1956 年底停测，1971 年 6 月复设并改为水文站至今，集水面积 7 200 km²。具有 1971 年至今的实测水位资料和实测流量资料。德都水文站基本水尺、测验断面位于公路桥下游 60 m 处，断面上游 70 m 处左岸有温查尔河汇入。2007 年测验断面上移至桥上游 80 m。

基面为假定基面，经黑龙江省水文水资源中心黑河分中心连续观测，换算关系为水尺读数（假高）+ 153.105 m = 黄海高程。

(3) 讷河水位站

讷河水位站建于 1950 年，原为水位站，2016 年改为水文站，集水面积 13 295 km²，具有 1954 年至今的水位观测资料和 2016 年至今的实测流量资料。

5.2.1.3　生态基流成果

对比分析山口水库站、德都站和讷河站 3 个断面天然径流 1980—2016 年（短系列）与 1956—2000 年（长系列）多年平均径流量可知，1980—2016

5 生态流量分析

年与1956—2000年天然多年平均径流量相比,山口水库站、德都站和讷河站断面多年平均径流量分别减少6.56%、4.77%和4.76%,变化幅度不超过10%,故本次以1956—2016年天然径流系列确定生态流量目标。

讷谟尔河干流考核断面不同系列天然多年平均径流量对比情况见表5-4。

表5-4 讷谟尔河各考核断面不同水文系列天然多年平均径流量对比表

序号	水文断面	水文系列	年限(a)	平均径流量(10^8 m^3)
1	山口水库站	1956—2000	45	8.08
		1980—2016	37	7.55
		长、短系列差(%)		6.56
2	德都站	1956—2000	45	11.53
		1980—2016	37	10.98
		长、短系列差(%)		4.77
3	讷河站	1956—2000	45	15.13
		1980—2016	37	14.41
		长、短系列差(%)		4.76

利用长系列水文资料,通过Qp法、频率曲线法等水文学统计方法以及Tennant法对生态基流进行计算复核,计算所得各断面生态流量成果详见表5-5。

表5-5 讷谟尔河河道内生态需水成果

断面	分期	不同方法计算成果(m^3/s)		
		频率曲线法	Tennant法	Qp法
山口水库站	汛期	8.26	9.90	6.21
	非汛期	5.85	2.43	0.98
	冰冻期	来多少泄多少		
德都站	汛期	11.47	14.39	8.56
	非汛期	6.15	3.34	2.46
	冰冻期	来多少泄多少		

(续表)

断面	分期	不同方法计算成果(m³/s)		
		频率曲线法	Tennant法	Qp法
讷河站	汛期	19.07	18.88	11.23
	非汛期	11.32	3.26	3.23
	冰冻期	来多少泄多少		

根据讷谟尔河水文特征和河流自然节律特征,降水主要集中在6—9月,丰、平、枯三个水期差异明显,汛期、非汛期季节性变化较大,且该流域工程调控能力较弱,因此本次生态基流选取Qp(90%)法计算成果,作为本流域近期生态流量保障目标,详见表5-6。

表5-6　讷谟尔河各断面生态基流目标表

断面名称	生态基流(m³/s)		
	汛期	非汛期	冰冻期
山口水库站	6.21	0.98	来多少泄多少
德都站	8.56	2.46	
讷河站	11.23	3.23	

各断面生态基流保障情况按月平均流量进行评价。

山口水库有实测流量的年份为2003—2016年,德都站有实测流量的年份为1973—2016年,讷河站于2016年由讷河水位站更改,仅有2016年实测流量。

山口水库站采用2003—2016年14年系列逐月实测流量进行评价,保障程度为各分期14年逐月实测流量达到或超过生态基流的天数与各分期14年实测总天数的比值;德都站采用1973—2016年44年系列逐月实测流量进行评价,保障程度为各分期44年逐月实测流量达到或超过生态基流的天数与各分期44年实测总天数的比值。

经计算,山口水库控制断面生态基流现状保障程度较低,均低于90%的设计保证率。汛期满足程度高于非汛期,非汛期生态基流的满足程度基本为48%,汛期满足程度为84%。德都站生态基流现状保障程度较高,非汛期生态基流的满足程度基本为89%,汛期满足程度为93%。

5.2.2 呼兰河

5.2.2.1 重要环境保护对象

呼兰河主要涉及的环境敏感区为3处自然保护区、1处湿地公园、3处水源地、2处森林公园、1处重要湿地。自然保护区为呼兰河口湿地省级自然保护区、拉哈山自然保护区、望奎县庙山自然保护区;湿地公园为黑龙江兰西呼兰河国家湿地公园;水源地为绥化市呼兰河地表水饮用水水源保护区、铁力市第二水源地和铁力市桃山镇桃山林业局饮用水水源;森林公园为黑龙江桃山国家森林公园和拉哈山省级森林公园;1处重要湿地为呼兰河口湿地省级自然保护区。

本次主要介绍涉水的环境敏感区,但是在设定生态流量目标时并未考虑敏感保护对象的敏感需水,本研究仅确定了河道生态基流目标。

(1) 黑龙江呼兰河口湿地省级自然保护区

黑龙江呼兰河口湿地省级自然保护区位于哈尔滨市呼兰区南部,松花江北岸,呼兰河河口,属内陆湿地与水域生态系统类型。

黑龙江呼兰河口湿地省级自然保护区现总面积为 15 688.58 hm^2,其中,核心区面积 6 712.14 hm^2,缓冲区面积 5 592.67 hm^2,实验区面积 3 383.77 hm^2。2008 年黑龙江省人民政府以黑政函〔2008〕5 号批准该自然保护区成立,2018 年和 2021 年,自然保护区先后进行了两次范围和功能区调整。

(2) 黑龙江兰西呼兰河国家湿地公园

黑龙江兰西呼兰河国家湿地公园属国家级湿地公园,位于黑龙江省兰西县,总面积 2 455.17 hm^2。黑龙江兰西呼兰河国家湿地公园(试点)于 2016 年 12 月公示。

黑龙江兰西呼兰河国家湿地公园位于县城东部 5 km 处,呼兰河中下游,以呼兰河流经的兰西镇、临江镇、兰河乡、红光乡、长岗乡为主体。四至范围包括:南至河口合页坝,北至长岗乡水文站,西至河口村及拉哈山森林公园,东抵长富村连接呼兰河东岸堤坝。

(3) 重要湿地

呼兰河涉及的重要湿地有 1 处，为呼兰河口湿地省级自然保护区。重要湿地范围与自然保护区范围大体重合。

5.2.2.2 主要水文站

呼兰河干流上有铁力(二)、秦家(二)、兰西等 3 个水文站，支流依吉密河上有北关水文站，通肯河上有海北(三井子)、联合(于家大房子)、青冈(黑嘴子)水文站，泥河上有泥河(二)水文站，安邦河上有横太山站，横太山站已于 1988 年停测。呼兰河流域水系及测站分布情况见图 5-2。

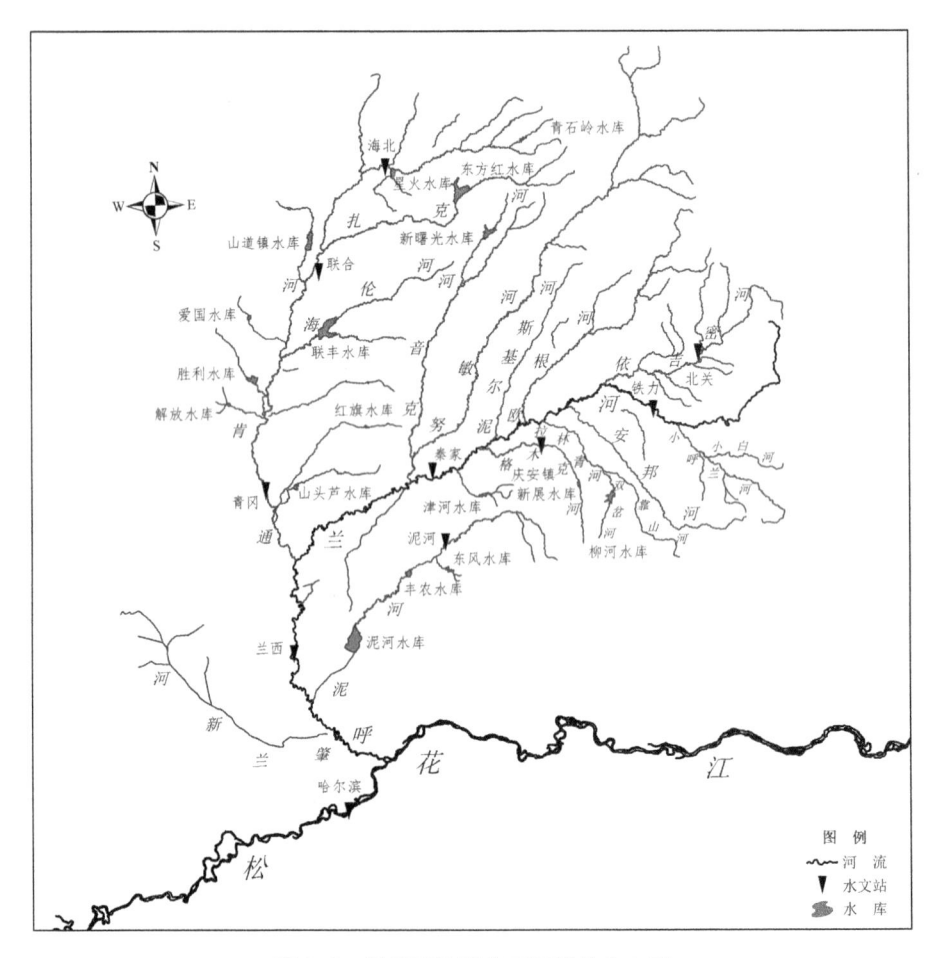

图 5-2 呼兰河流域水系及测站分布图

(1) 铁力站

铁力站于1952年6月设为水文站,1987年6月基本水尺断面兼测流断面向上游迁移296.6 m进行对比观测,1988年迁至现断面位置,改为铁力(二)水文站。铁力(二)站是呼兰河上游主要控制站,位于黑龙江省铁力市铁力镇。水文站集水面积为1 838 km²。

(2) 秦家站

秦家站于1934年11月设立为水位站,至1945年停测(其中1940—1943年缺测)。1944年7—12月有逐日整编流量。1949年8月复设为水位站,1952年迁至西口子村改为水文站。1962年迁至上游4 km滨北线铁路桥上游30 m处。2005年1月1日下迁1.9 km至绥北公路桥上游,改名为秦家(二)站。该站设在呼兰河干流上,位于努敏河汇合口上游附近,控制面积9 809 km²。

(3) 兰西站

兰西水文站建于1940年5月,1940年5月至1945年由伪满交通部理水司理水调查处领导(1940—1943年无记录)。1945年抗战胜利后停测。1949年8月由黑龙江省人民政府农业厅水利局复设为水位站,1953年改为水文站,1954年后由黑龙江省水利厅领导,集水面积27 736 km²。

(4) 海北站(三井子站)

通肯河三井子水文站于1952年8月设立,1958年12月停测,1971年重新恢复为水文站。1976年1月将测验断面向上游迁移809 m,改名为三井子(二)水文站。该站集水面积724 km²,具有1971—2005年以来连续水文观测资料。该站水位流量关系历年相差较大,不可用。2005年水文站撤销,停止观测,在其下游45 km的海伦市至北安市公路通肯河桥上游建立海北水文站,集水面积1 420 km²。

(5) 联合水文站

联合水文站于1949年8月设站,为三道镇水位站。1953年改为水文站,1954年7月测验断面向下游迁移7 km,改名为于家大房子水文站,集水面积为5 078 km²。1976年1月测验断面又向上游迁移904 m,改名为联合水文站。1996年1月1日测验断面又向上游迁移7 km至海伦至拜泉公路桥上游 2 m,改名为联合(二)水文站,控制面积 4 396 km²。

(6) 北关站

北关站于 1952 年 6 月设立,1956 年开始测流,具有 1956 年至今的水位、流量等资料,集水面积 939 km²。

(7) 泥河站

泥河水文站于 1957 年 4 月设立,1986 年 1 月断面向上游迁移 2.1 km,至滨北线泥河铁路桥下游 30 m 处。迁移后为泥河(二)站,2009 年下迁 3.7 km,改为泥河(三)站,集水面积为 658 km²。

(8) 青冈站

青冈水文站于 1974 年 1 月设立,控制流域面积 9 001 km²。

5.2.2.3 生态基流成果

对比分析铁力站、秦家站、兰西站、联合站和北关站 5 个断面天然径流 1980—2016 年(短系列)与 1956—2000 年(长系列)多年平均径流量可知,1980—2016 年与 1956—2000 年天然多年平均径流量相比,各断面多年平均径流量减少幅度未超过 10%,故原则上以 1956—2016 年天然径流系列确定生态流量目标。呼兰河各考核断面不同系列天然多年平均径流量对比情况见表 5-7。

表 5-7 呼兰河各考核断面不同水文系列天然多年平均径流量对比表

序号	水文断面	水文系列	年限(a)	平均径流量(×10⁸ m³)
1	铁力站	1956—2000	45	5.29
		1980—2016	37	5.16
		长、短系列差(%)		2.46
2	秦家站	1956—2000	45	22.79
		1980—2016	37	21.02
		长、短系列差(%)		7.77
3	兰西站	1956—2000	45	40.06
		1980—2016	37	38.16
		长、短系列差(%)		4.74

(续表)

序号	水文断面	水文系列	年限(a)	平均径流量($\times 10^8$ m³)
4	联合站	1956—2000	45	4.28
		1980—2016	37	3.96
		长、短系列差(%)		7.48
5	北关站	1956—2000	45	3.39
		1980—2016	37	3.23
		长、短系列差(%)		4.72

利用长系列水文资料,通过 Qp(90%)法、频率曲线法等水文学统计方法以及 Tennant 法对生态基流进行计算复核,计算所得各断面生态流量成果详见表 5-8。

表 5-8 呼兰河流域河道内生态需水成果

断面	分期	不同方法计算成果(m³/s)		
		频率曲线法	Tennant 法	Qp 法
铁力站	汛期	5.43	3.35	0.59
	非汛期	3.14	1.68	0.41
	冰冻期	来多少泄多少		
秦家站	汛期	13.3	14.01	2.45
	非汛期	9.34	7.01	1.34
	冰冻期	来多少泄多少		
兰西站	汛期	4.98	24.58	3.15
	非汛期	4.75	12.29	1.76
	冰冻期	来多少泄多少		
联合站	汛期	2.61	2.76	0.45
	非汛期	0.53	1.38	0.19
	冰冻期	来多少泄多少		
北关站	汛期	4.69	2.20	0.85
	非汛期	2.17	1.10	0.39
	冰冻期	来多少泄多少		

根据呼兰河水文特征和河流自然节律特征,降水主要集中在6—9月,丰、平、枯三个水期差异明显,汛期、非汛期季节性变化较大,并且呼兰河流域水资源工程调控能力弱,流域用水矛盾突出,为了满足监测和管理需求,需要设定分期可达性的目标,因此本次生态基流选取Qp(90%)法计算成果,与以往成果相衔接协调,确定各考核断面的生态流量目标,详见表5-9。

表5-9 呼兰河各断面生态基流目标表

断面名称	生态基流(m^3/s)		
	汛期	非汛期	冰冻期
铁力站	0.59	0.41	来多少泄多少
秦家站	2.45	1.34	
兰西站	3.15	1.76	
联合站	0.45	0.19	
北关站	0.85	0.39	

采用1980—2016年系列逐日实测流量进行评价,保障程度为各分期逐日实测流量达到或超过生态基流的天数与各分期实测总天数的比值。

经计算,各考核断面汛期和非汛期生态基流满足程度均超过90%,说明本次确定的近期生态基流目标具有较好的可达性,未来可通过建设十六道岗水库、北关水库控制性工程和河道外用水的管控措施分步、分期地逐步改善和提升河道内生态环境。

5.2.3 倭肯河

5.2.3.1 重要环境保护对象

据调查,倭肯河干流分布的环境敏感区主要为黑龙江七台河桃山湖国家湿地公园,地处倭肯河上游,七台河市境内。公园沿倭肯河呈带状分布,四周基本上以山脊线分水岭、公路、水渠以及湿地和耕地分界线为界。东至七台河市北岸新城,西至黑龙江倭肯河省级自然保护区,北至勃利县种畜场,南至仙洞山。公园包括桃山水库、坝下倭肯河干流周边湿地、桃山水库与倭肯河自然保护区之间的沼泽湿地、茄子河与桃山水库交汇区湿地等天然、人工湿地。

公园规划建设面积 2 950 hm², 其中湿地面积为 2 309.6 hm², 占湿地公园总面积的 78.29%。湿地面积中,河流湿地面积 233.62 hm², 占 10.12%; 沼泽湿地面积 132.66 hm², 占 5.74%; 人工湿地面积 1 943.32 hm², 占 84.14%。

5.2.3.2 主要水文站

目前流域水文监测站点干流上有桃山水库和倭肯 2 个水文站,水系及测站分布情况见图 5-3。

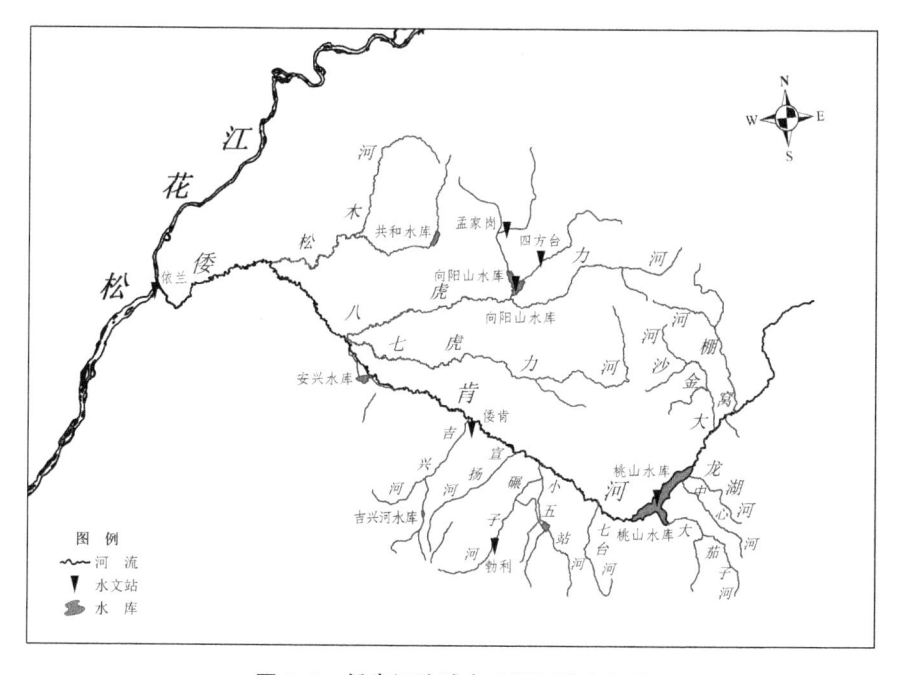

图 5-3 倭肯河流域水系及测站分布图

(1) 桃山水库站

桃山水文站于 1957 年 4 月设立,当年 5 月开始观测流量,属于国家基本水文站。桃山水文站在桃山水库建成后,经批准于 1994 年 10 月以后不再进行水位、流量等项目的观测,由桃山水库站监测水库坝上水位、坝下泄流、水库入库流量等,集水面积 2 091 km²。

(2) 倭肯水文站

倭肯站于 1949 年 5 月建立,位于黑龙江省勃利县倭肯镇,是黑龙江流域倭肯河水系倭肯河中游控制站、国家二类精度站，集水面积 4 185 km²。

5.2.3.3 生态基流成果

对比分析桃山水库站和倭肯站 2 个考核断面天然径流 1980—2016 年（短系列）与 1956—2000 年（长系列）多年平均径流量可知，1980—2016 年与 1956—2000 年天然多年平均径流量相比，桃山水库站和倭肯站断面多年平均径流量分别减少 11.2% 和 10.7%，变化幅度超过 10%，故采用 1980—2016 年天然径流系列确定生态流量目标。

倭肯河干流各断面不同系列天然多年平均径流量对比情况见表 5-10。

表 5-10　倭肯河干流各断面不同水文系列天然多年平均径流量对比表

序号	水文断面	水文系列	年限(a)	平均径流量($\times 10^8$ m³)
1	桃山水库站	1956—2000	45	2.77
		1980—2016	37	2.46
		长、短系列差(%)		11.2
2	倭肯站	1956—2000	45	4.66
		1980—2016	37	4.16
		长、短系列差(%)		10.7

利用长系列水文资料，通过 Qp(90%)法、频率曲线法等水文学统计方法以及 Tennant 法对生态基流进行计算复核，计算所得各断面生态流量成果详见表 5-11。

表 5-11　倭肯河流域河道内生态需水成果

断面	分期	不同方法计算成果(m³/s)		
		频率曲线法	Tennant 法	Qp 法
桃山水库站	汛期	2.00	1.77	0.85
	非汛期	1.64	0.88	0.31
	冰冻期	来多少泄多少		
倭肯站	汛期	4.60	2.96	2.61
	非汛期	2.09	1.48	0.52
	冰冻期	来多少泄多少		

根据倭肯河水文特征和河流自然节律特征,降水主要集中在6—9月,丰、平、枯三个水期差异明显,汛期、非汛期季节性变化较大,并且倭肯河流域工程调控能力弱,因此,本次生态基流选取Qp(90%)法计算成果,与以往成果相衔接协调,确定各考核断面的生态流量目标,详见表5-12。

表 5-12　倭肯河各断面生态基流目标表

断面名称	生态基流(m^3/s)		
	汛期	非汛期	冰冻期
桃山水库站	0.85	0.31	来多少泄多少
倭肯站	2.61	0.52	

倭肯河桃山水库站于1991年建成蓄水,采用1991—2016年26年系列逐月实测流量进行评价,保障程度为各分期26年逐月实测流量达到或超过生态基流的月数与各分期26年实测总月数的比值。倭肯站采用1980—2016年系列逐日实测流量进行评价,保障程度为各分期逐日实测流量达到或超过生态基流的天数与各分期实测总天数的比值。

经计算,桃山水库控制断面生态基流现状保障程度较低,均低于90%的设计保证率。汛期满足程度高于非汛期,非汛期生态基流的满足程度基本为15.3%,汛期满足程度为22.7%。倭肯站生态基流现状保障程度较高,非汛期生态基流的满足程度基本为94.7%,汛期满足程度为78.6%。

5.2.4　穆棱河

5.2.4.1　重要环境保护对象

穆棱河干流涉及的环境敏感区主要为六峰湖自然保护区、穆棱东北红豆杉国家级自然保护区、兴凯湖国家级自然保护区、珍宝岛湿地国家级自然保护区和乌苏里江国家森林公园等。

(1) 六峰湖自然保护区

六峰湖自然保护区位于穆棱河上游的六峰山山脚下,六峰湖由六个山峰围成的水体而得名,前身是团结水库,1996年被省政府批准为省级自然保护区。有以山水景观为主体的森林水域风貌为自然生态旅游背景,另有抗联遗迹为人文历史背景。

(2) 黑龙江穆棱东北红豆杉国家级自然保护区

黑龙江穆棱东北红豆杉自然保护区原为省级保护区,于2009年被批准为国家级自然保护区,是东北林区面积大、保存完好的野生东北红豆杉集中分布区。东北红豆杉又名紫杉,为世界濒危物种、国家一级珍稀保护树种,被称为"植物界大熊猫"。在黑龙江穆棱东北红豆杉国家级自然保护区内,18万余株东北红豆杉将进一步得到有效保护。该自然保护区总面积为35 648 hm^2,其中:核心区面积为15 405 hm^2,缓冲区面积为14 328 hm^2,实验区面积为5 915 hm^2。

(3) 兴凯湖国家级自然保护区

兴凯湖国家级自然保护区位于中国东北部的中俄边境地区,黑龙江省密山市东南部。西起白棱河桥西500 m,北邻穆棱河,东北与虎林市交界,东以松阿察河、南以大兴凯湖与俄罗斯兴凯湖国家自然保护区相接。总面积224 605 hm^2。兴凯湖国家级自然保护区是三江平原湿地中一块具有代表性和独特性的湿地,植被类型多样,森林生态系统、沼泽生态系统、水生生态系统共存。1997年被纳入东北亚鹤类保护网络,2002年被列入《国际重要湿地名录》。

(4) 珍宝岛湿地国家级自然保护区

珍宝岛自然保护区位于黑龙江省虎林市东部、完达山南麓,以乌苏里江为界与俄罗斯隔水相望,是三江平原沼泽湿地集中分布地区。2002年,经黑龙江省人民政府批准为省级自然保护区。2008年国务院批准建立珍宝岛湿地国家级自然保护区,范围包括虎头镇以北、虎饶公路以东、三小边境路以南、乌苏里江国界以西的地域,总面积为44 364 hm^2,其中湿地面积为29 275 hm^2,占总面积的66%。

(5) 乌苏里江国家森林公园

乌苏里江国家森林公园位于中俄界江——乌苏里江西岸,总面积21 976.28 hm^2。公园内地貌多样,动植物种类繁多,其中:植物500余种、兽类23种、鸟类105种。公园的自然景观优美、人文景观独特,是开发生态观光、湿地踏查探险等特色旅游的佳地,也是鸡西地区唯一一处国家级森林公园,是集乌苏里江风光、人文史迹为一体的多功能生态型森林公园。

5.2.4.2 主要水文站

穆棱河干流现有水文站 4 个,分别为穆棱水文站、梨树镇水文站、湖北闸水文站、密山桥水文站,水系及测站分布情况见图 5-4。

图 5-4 穆棱河流域水系及测站分布图

(1) 穆棱水文站

该站建于 1933 年,1949 年 11 月 15 日重建为水位站,1962 年改为水文站。该站为穆棱河上游干流控制站,是国家重要水文站、水质基本站。集水面积为 2 613 km², 距河口 494 km。

(2) 梨树镇水文站

梨树镇水文站位于黑龙江省鸡西市梨树镇，是穆棱河中游控制站，集水面积6 443 km²。

(3) 湖北闸水文站

该站建于1979年，位于黑龙江省虎林市，是穆棱河下游的控制站，集水面积16 200 km²。

(4) 密山桥水文站

密山桥水文站位于黑龙江省密山市知一镇，是穆棱河中下游控制站，集水面积13 325 km²。

5.2.4.3 生态基流成果

生态基流分析，应综合考核重要生态敏感区、控制性工程、大型引调水工程取水口等断面，并结合穆棱河水资源及其开发利用、水量调度管理等情况。本次分析梨树镇水文站、湖北闸水文站2个控制断面的生态基流目标。

对比分析2个考核断面天然径流1980—2016年（短系列）与1956—2000年（长系列）多年平均径流量可知，1980—2016年与1956—2000年天然多年平均径流量相比，梨树镇断面多年平均径流量减少4.2%，湖北闸断面多年平均径流量增加4.1%，变化幅度未超过10%，故采用1956—2016年天然径流系列确定生态流量目标。

穆棱河干流各断面不同系列天然多年平均径流量对比情况见表5-13。

表5-13 穆棱河干流各断面不同水文系列天然多年平均径流量对比表

序号	水文断面	水文系列	年限(a)	平均径流量(10^8 m³)
1	梨树镇站	1956—2000	45	7.85
		1980—2016	37	7.52
		长、短系列差(%)		4.2
2	湖北闸站	1956—2000	45	12.20
		1980—2016	37	12.70
		长、短系列差(%)		4.1

利用长系列水文资料，通过 Qp(90%)法、频率曲线法等水文学统计方法以及 Tennant 法对生态基流进行计算复核，计算所得各断面生态流量成果详见表 5-14。

表 5-14　穆棱河流域河道内生态需水成果

断面	分期	不同方法计算成果(m^3/s)		
		频率曲线法	Tennant 法	Qp 法
梨树镇站	汛期	5.84	5.93	4.77
	非汛期	2.92	3.02	2.15
	冰冻期	来多少泄多少		
湖北闸站	汛期	13.06	13.85	11.88
	非汛期	6.53	7.25	5.19
	冰冻期	来多少泄多少		

根据穆棱河水文特征和河流自然节律特征，降水主要集中在 6—9 月，丰、平、枯三个水期差异明显，汛期、非汛期季节性变化较大，并且穆棱河流域工程调控能力弱，因此，本次生态基流选取频率曲线法计算成果，与以往成果相衔接协调，确定各考核断面的生态流量目标，详见表 5-15。

表 5-15　穆棱河各断面生态基流目标表

断面名称	生态基流(m^3/s)		
	汛期	非汛期	冰冻期
梨树镇站	5.84	2.92	来多少泄多少
湖北闸站	13.06	6.53	

采用 1980—2016 年 37 年短系列逐日实测流量资料进行评价，保障程度为 37 年中不低于 90%来水年份的逐日实测流量达到或超过生态基流的天数与各分期实测总天数的比值。

经计算，梨树镇水文站断面 37 年中有 1980 年、1982 年、2003 年、2012 年来水量低于 90%，将其余年份的逐日实测流量资料按日尺度进行保障程度评价，汛期保障程度为 95.1%，非汛期保障程度为 95.4%。湖北闸水文站断面 37 年中有 1980 年、1982 年、1987 年、1999 年、2003 年来水量低于

90%,将其余年份的逐日实测流量资料按日尺度进行保障程度评价,汛期保障程度为94.8%,非汛期保障程度为93.2%。

5.2.5 挠力河

5.2.5.1 重要环境保护对象

(1) 黑龙江东升湿地自然保护区

东升自然保护区位于黑龙江省宝清县东北部,地处挠力河、蛤蟆通河和小挠力河交汇处。保护区总面积为 19 244 hm²,其中:核心区面积为 6 968 hm²,缓冲区面积为 6 568 hm²,实验面积为 5 708 hm²。东升自然保护区的主要保护对象是内陆湿地生态系统。其担负着湿地生物多样性保护和湿地自然保护区有效管理的重要任务。

(2) 大佳河省级自然保护区

大佳河省级自然保护区在乌苏里江左岸和挠力河右岸,属内陆湿地和水域生态系统类型。核心区为大面积原始草原、芦苇、沼泽、湿地和森林。自然保护区分为两个区域:一是湿地区域,面积为 38 081 hm²;二是山地森林区,面积为 33 851 hm²。两区域总面积为 71 932 hm²。

(3) 饶河东北黑蜂国家级自然保护区

饶河东北黑蜂国家级自然保护区于 1980 年经黑龙江省人民政府批准建立,1997 年晋升为国家级自然保护区。2006 年东北黑蜂被列入中国首批国家级畜禽遗传资源保种名录。2008 年农业部批准黑龙江省饶河东北黑蜂国家级自然保护区列为国家级畜禽遗传资源保护区。该自然保护区总面积为 12 269 km²,其中:核心保护区面积 4 385 km²,缓冲区保护面积 2 380 km²,隔离带保护面积 5 504 km²。

(4) 黑龙江挠力河国家级自然保护区

挠力河国家级自然保护区以水生和陆栖生物及其生境共同形成的湿地和水域生态系统为主要保护对象。保护区总面积 160 601 hm²,其中,核心区和缓冲区面积分别为 37 047 hm² 和 53 128 hm²,实验区面积为 70 426 hm²。

(5) 黑龙江三环泡国家级自然保护区

黑龙江三环泡国家级自然保护区位于黑龙江省富锦市东南部,地处七星河中下游,处于三江平原腹地,是典型的沼泽化低河漫滩地貌,全区地势低洼,平均海拔 60 m。西与友谊县相邻,东至挠力河,南与宝清县国家级七星河湿地自然保护区接壤,北与农业区相连。总面积 27 687 hm^2。

5.2.5.2 主要水文站

挠力河干流有宝清站和菜咀子站 2 个水文站。流域水系及测站分布情况详见图 5-5。

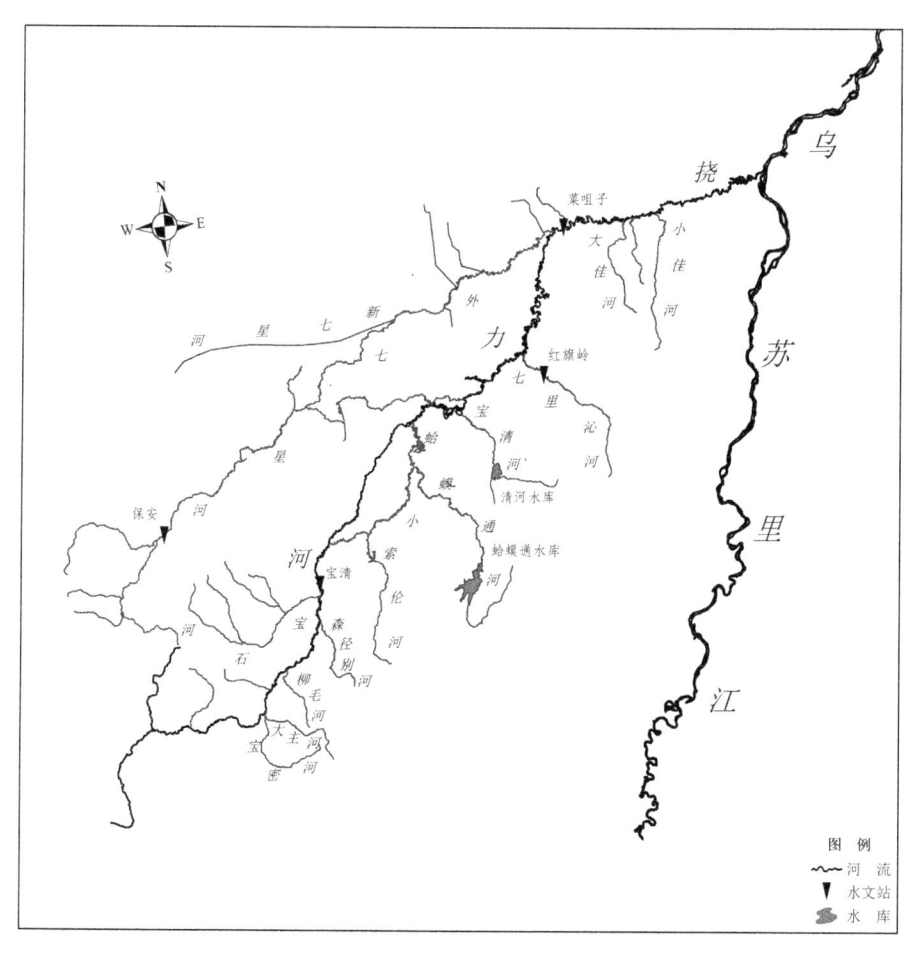

图 5-5 挠力河水系及站点分布示意图

(1) 宝清水文站

宝清站建于 1939 年,位于黑龙江省宝清县宝清镇东关村,是乌苏里江支流挠力河中游控制站,断面至河源 170 km,至河口 439 km,测站集水面积为 3 689 km²。

(2) 菜咀子水文站

菜咀子水文站建于 1956 年,位于黑龙江省饶河县山里乡菜咀子村,是乌苏里江支流挠力河下游控制站,断面至河口 153 km,测站集水面积为 20 556 km²。

5.2.5.3 生态基流成果

结合已有成果,考虑挠力河流域实际情况,本次选取龙头桥水库、菜咀子站 2 个主要控制断面,确定控制断面的生态基流目标。

对比分析 2 个考核断面天然径流 1980—2016 年(短系列)与 1956—2000 年(长系列)多年平均径流量可知,1980—2016 年与 1956—2000 年天然多年平均径流量相比,龙头桥水库断面多年平均径流量减少 8.5%,菜咀子断面多年平均径流量增加 4.1%,变化幅度未超过 10%,故采用 1956—2016 年天然径流系列确定生态流量目标。

挠力河干流各断面不同系列天然多年平均径流量对比情况见表 5-16。

表 5-16　挠力河干流各断面不同水文系列天然多年平均径流量对比表

序号	水文断面	水文系列	年限(a)	平均径流量(10^8 m³)
1	龙头桥水库	1956—2000	45	5.44
		1980—2016	37	4.98
		长、短系列差(%)		8.5
2	菜咀子水文站	1956—2000	45	12.20
		1980—2016	37	12.70
		长、短系列差(%)		4.1

利用长系列水文资料,通过 Qp(90%)法、频率曲线法等水文学统计方法以及 Tennant 法对生态基流进行计算复核,计算所得各断面生态流量成果详见表 5-17。

表 5-17　挠力河流域河道内生态需水成果

断面	分期	不同方法计算成果(m³/s)		
		频率曲线法	Tennant 法	Qp 法
龙头桥水库	汛期	1.64	1.62	0.89
	非汛期	1.82	0.81	0.54
	冰冻期	来多少泄多少		
菜咀子水文站	汛期	16.12	11.28	11.06
	非汛期	16.96	5.64	5.80
	冰冻期	来多少泄多少		

根据挠力河水文特征和河流自然节律特征,降水主要集中在 6—9 月,丰、平、枯三个水期差异明显,汛期、非汛期季节性变化较大,并且挠力河流域工程调控能力弱,因此,本次生态基流选取 Qp 法计算成果,与以往成果相衔接协调,确定各考核断面的生态流量目标,详见表 5-18。

表 5-18　挠力河各断面生态基流目标表

断面名称	生态基流(m³/s)		
	汛期	非汛期	冰冻期
龙头桥水库	0.89	0.54	来多少泄多少
菜咀子水文站	11.06	5.80	

挠力河龙头桥水库于 2002 年建成蓄水,采用 1991—2016 年 26 年长系列逐月实测流量资料进行评价,保障程度为 26 年中逐月实测流量达到或超过生态基流的月数与各分期 26 年实测总月数的比值。菜咀子水文站采用 1956—2016 年 61 年长系列逐月实测流量资料进行评价,保障程度为 61 年中逐月实测流量达到或超过生态基流的月数与各分期 61 年实测总月数的比值。

经计算,龙头桥水库控制断面生态基流现状保障程度较低,均低于 90%的设计保证率。汛期满足程度高于非汛期,非汛期生态基流的满足程度为 45.0%,汛期满足程度为 77.8%。菜咀子水文站控制断面生态基流现状保障程度汛期和非汛期均高于 90%的设计保证率。

5.2.6 汤旺河

5.2.6.1 重要环境保护对象

(1) 乌伊岭国家级自然保护区

乌伊岭国家级自然保护区位于黑龙江省东北部,小兴安岭顶峰东段,行政上归属于伊春市,分布于乌伊岭林业局的东克林、桔源、美丰3个林场境内。总面积为43 824 hm²,其中:核心区面积14 663 hm²,缓冲区面积15 608 hm²,实验区面积13 553 hm²。2000年1月被批准为省级湿地自然保护区;2007年4月被批准晋升为国家级湿地自然保护区;2009年9月加入中国生物圈保护区网络。

(2) 新青国家湿地公园

新青国家湿地公园位于黑龙江省东北部"中国白头鹤之乡"新青区境内,总面积4 490 hm²。园区内野生动植物资源丰富,是世界珍稀濒危鸟类——白头鹤的重要栖息繁殖地,是东北地区泥炭沼泽湿地保护与可持续利用的示范基地,也是黑龙江省科普教育基地。公园始建于2007年,2013年通过国家验收正式授牌。

(3) 黑龙江丰林国家级自然保护区

黑龙江丰林国家级自然保护区位于中国黑龙江省东北部小兴安岭南坡北段,山体不高,地形平缓,区内水系成树枝状。该保护区东西长20 km,南北宽16 km,总面积18 165.4 hm²,其中:核心区总面积4 165 hm²,缓冲区总面积3 812 hm²,实验区总面积10 188.4 hm²。

(4) 廻龙湾国家森林公园

廻龙湾国家森林公园始建于1993年,2006年被第三届东亚旅游国际博览会评为十佳知名景区。占地面积888 hm²,拥有独特的红松原始林、连片的杜鹃花海、神奇的廻龙潭,湿地也是国内少有的景致,公园里奇峰怪石林立、沟谷幽深、河面宽坦、溪潭清澈、林茂花繁,与幽静古朴的寺庙古刹构成一幅和谐自然优美的画卷。

(5) 黑龙江金山国家森林公园

黑龙江金山国家森林公园位于伊春市金山屯林业局施业区,是一处集自然景观与人文景观为一体,具有典型原始自然风光的国家森林公园。该公园于 2003 年批复建立,总面积 12 283 hm²,以针叶林或针阔叶混交林为主。

(6) 仙翁山国家森林公园

仙翁山国家森林公园位于黑龙江省东北部,小兴安岭东南麓,汤旺河下游。2008 年建成为国家级森林公园,总占地面积 10 555 hm²,其中地质公园占地面积 10 347 hm²。公园内地质地貌遗迹类型齐全,发育典型,成因复杂,景观奇特,具有十分重要的保护、科普与科学研究价值。

5.2.6.2 主要水文站

汤旺河干流上先后设有水文站 3 处,由上游至下游分别为五营站、伊新站、晨明站。根据河流实际和已有工作成果,本次以晨明站为考核断面,分析生态流量。流域水系及测站分布情况详见图 5-6。

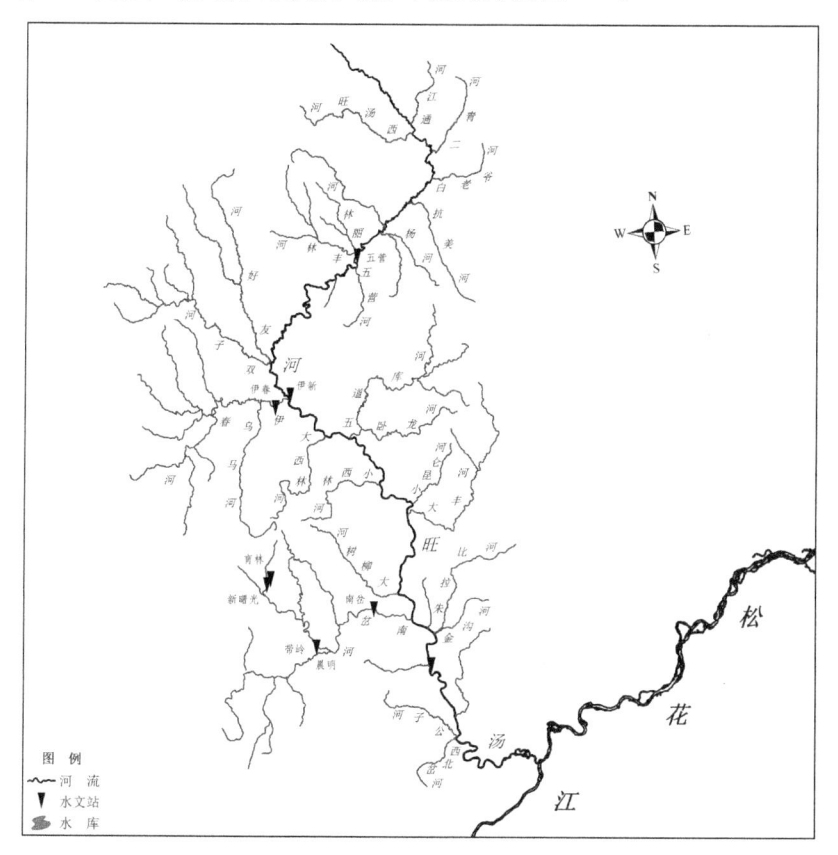

图 5-6 汤旺河水系及站点分布图

晨明站位于伊春市晨明镇汤旺河干流上，于1953年设立，1954年由黑龙江省水利厅领导，1962年后由黑龙江省水文水资源中心领导。晨明站距汤旺河河口86 km，控制流域面积为19 186 km²。

5.2.6.3 生态基流成果

结合已有成果，考虑汤旺河流域实际情况，本次选取晨明水文站1个主要控制断面，确定控制断面的生态基流目标。

对比分析晨明水文站断面天然径流1980—2016年（短系列）与1956—2000年（长系列）多年平均径流量可知，1980—2016年与1956—2000年天然多年平均径流量相比，晨明水文站断面多年平均径流量减少4.2%，变化幅度未超过10%，故采用1956—2016年天然径流系列确定生态流量目标。

汤旺河干流各断面不同系列天然多年平均径流量对比情况见表5-19。

表5-19　汤旺河干流各断面不同水文系列天然多年平均径流量对比表

序号	水文断面	水文系列	年限（年）	平均径流量（10⁸ m³）
1	晨明水文站	1956—2000	45	52.4
		1980—2016	37	50.2
		长、短系列差（%）		4.2

利用长系列水文资料，通过Qp（90%）法、频率曲线法等水文学统计方法以及Tennant法对生态基流进行计算复核，计算所得各断面生态流量成果详见表5-20。

表5-20　汤旺河流域河道内生态需水成果

断面	分期	不同方法计算成果（m³/s）		
		频率曲线法	Tennant法	Qp法
晨明站	汛期	104.9	32.4	69.0
	非汛期	53.0	16.2	21.6
	冰冻期	来多少泄多少		

根据汤旺河水文特征和河流自然节律特征，降水主要集中在6—9月，丰、平、枯三个水期差异明显，汛期、非汛期季节性变化较大，并且汤旺河流

域工程调控能力弱,因此,本次生态基流选取 Tennant 法计算成果,与以往成果相衔接协调,确定各考核断面的生态流量目标,详见表 5-21。

表 5-21　汤旺河各断面生态基流目标表

断面名称	生态基流(m³/s)		
	汛期	非汛期	冰冻期
晨明站	32.4	16.2	来多少泄多少

采用 1956—2016 年 61 年长系列逐日实测流量资料进行评价,保障程度为 61 年中不低于 90%来水年份的逐日实测流量达到或超过生态基流的天数与各分期实测总天数的比值。

经计算,晨明站断面生态基流现状保障程度较高,汛期生态基流满足程度达 94.4%,非汛期生态基流满足程度达 100%。

5.3　生态流量调度

5.3.1　调度及管控工程

生态流量的调度应该是流域水量调度计划(方案)的组成部分。6 条重点河流的流域水量分配方案批复后,每年都要编制年度的水量调度计划,并在每年年中 5—8 月制定月水量调度方案,下达调度指令。年度水量调度计划及月水量调度方案中,各控制断面下泄流量为满足河道生态基流和下游河道外生产用水需求的流量。为满足河道内生态基流的要求,各取用水户需严格按照年调度计划及月调度方案中确定的取用水比例取水。

5.3.2　常规调度管理

常规调度管理主要是编制流域年度水量调度计划。年度水量调度计划由黑龙江省水利厅组织编制。地市级水务局负责汇总辖区内取水户的年度用水计划建议,黑龙江省水利厅制定下达年度水量调度计划。地市级水务局根据黑龙江省水利厅下达的年度水量调度计划,组织辖区内水量调度,结合径流预报情况,严格取用水管理,强化工程调度,确保断面流量达到规定的控制指标。

5.4 应急调度方案

当出现特殊干旱年、连续干旱年、突发水污染事件、重大公共活动等紧急或特殊情况,可能危害供水安全、水生态安全时,应当组织实施应急调度。应急调度按照国家应急管理有关规定和黑龙江省水利厅应急响应相关规定执行。

6

生态流量监测与预警

6 生态流量监测与预警

6.1 监测方案

6.1.1 监测对象

监测断面为 6 条重点河流的生态基流断面,各河流监测断面详见表 6-1。监测断面水情信息报送应严格执行《水情信息编码》(SL 330—2011),按要求监测、报送数据。加强对拍报内容的校核和对本测站水位-流量关系曲线进行复核,实测流量资料应在及时校核后拍报,提高拍报质量和精度。

表 6-1 各流域监测断面

河流名称	断面名称	监测单位	报送单位	监测频次
讷谟尔河	山口水库站	山口水库管理处、黑龙江省水文水资源中心	辖区水务局	每日监测
	德都站	黑龙江省水文水资源中心		
	讷河站			
呼兰河	铁力站	黑龙江省水文水资源中心		4月21日—11月10日,每日监测
	秦家站			
	兰西站			
	联合站			
	北关站			
倭肯河	桃山水库站			
	倭肯站			
穆棱河	梨树镇站			每日监测
	湖北闸站			
挠力河	龙头桥水库			
	菜咀子水文站			
汤旺河	晨明站			

保证信息通道的正常运行,认真落实水情拍报应急措施,保障全年水情拍报质量和时效。

6.1.2 监测职责分工

除山口水库站由山口水库管理处负责数据监测工作和下泄流量的监测外,其他断面均由黑龙江省水文水资源中心在当地的分中心负责数据监测工作并将监测数据上报给黑龙江省水文水资源中心。

所在地市水务局负责辖区内各取水工程管理断面的取水流量的监测及报送工作。

6.1.3 监测内容与监测频次

监测工作包括日常监测工作和应急监测工作。

正常情况下,监测频次为日监测,如流量有较大波动变化,要按照实际情况加测。生态流量实施在线监测与自动监测并举,确保监测数据的准确性和提前性,为后续开展合理有效的水工程调度提供技术支撑和时间保障。

6.2 预警机制

6.2.1 预警层级

根据各流域所选的控制断面,考虑调度方式、调控能力、监测能力、应急响应能力等,依据实时流量大小及其发展态势,各控制断面预警层级由低到高分为两个等级,依次用蓝色、红色表示,即蓝色预警和红色预警。

6.2.2 预警阈值

设定蓝色预警用生态流量目标的110%确定,代表断面生态流量基本满足,但接近轻度破坏状态;红色预警为生态流量目标的100%以内,代表生态流量不能满足,需要查找原因,采取措施尽快解除该预警。各流域断面预警阈值详见表6-2。

表 6-2　各流域断面预警阈值

河流名称	断面名称	蓝色预警值 汛期（6—9月）	蓝色预警值 非汛期（4—5月、10—11月）	红色预警值 汛期（6—9月）	红色预警值 非汛期（4—5月、10—11月）
讷谟尔河	山口水库站	$6.21 \leq Q \leq 6.83$	$0.98 \leq Q \leq 1.08$	$Q < 6.21$	$Q < 0.98$
	德都站	$8.56 \leq Q \leq 9.42$	$2.46 \leq Q \leq 2.71$	$Q < 8.56$	$Q < 2.46$
	讷河站	$11.23 \leq Q \leq 12.35$	$3.23 \leq Q \leq 3.55$	$Q < 11.23$	$Q < 3.23$
呼兰河	铁力站	$0.59 \leq Q \leq 0.65$	$0.41 \leq Q \leq 0.45$	$Q < 0.59$	$Q < 0.41$
	秦家站	$2.45 \leq Q \leq 2.70$	$1.34 \leq Q \leq 1.47$	$Q < 2.45$	$Q < 1.34$
	兰西站	$3.15 \leq Q \leq 3.47$	$1.76 \leq Q \leq 1.94$	$Q < 3.15$	$Q < 1.76$
	联合站	$0.45 \leq Q \leq 0.50$	$0.19 \leq Q \leq 0.21$	$Q < 0.45$	$Q < 0.19$
	北关站	$0.85 \leq Q \leq 0.94$	$0.39 \leq Q \leq 0.43$	$Q < 0.85$	$Q < 0.39$
倭肯河	桃山水库站	$0.85 \leq Q \leq 0.94$	$0.31 \leq Q \leq 0.34$	$Q < 0.85$	$Q < 0.31$
	倭肯站	$2.61 \leq Q \leq 2.87$	$0.52 \leq Q \leq 0.57$	$Q < 2.61$	$Q < 0.52$
穆棱河	梨树镇站	$5.84 \leq Q \leq 6.42$	$2.92 \leq Q \leq 3.21$	$Q < 5.84$	$Q < 2.92$
	湖北闸站	$13.06 \leq Q \leq 14.37$	$6.53 \leq Q \leq 7.18$	$Q < 13.06$	$Q < 6.53$
挠力河	龙头桥水库	$0.89 \leq Q \leq 0.98$	$0.54 \leq Q \leq 0.59$	$Q < 0.89$	$Q < 0.54$
	菜咀子水文站	$11.06 \leq Q \leq 12.17$	$5.80 \leq Q \leq 6.38$	$Q < 11.06$	$Q < 5.80$
汤旺河	晨明站	$32.4 \leq Q \leq 35.6$	$16.2 \leq Q \leq 17.8$	$Q < 32.4$	$Q < 16.2$

6.2.3　预警响应机制

6.2.3.1　预警发布

黑龙江省水利厅通过电话、微信、当面告知等渠道或方式向相关市水务局发布预警信息。相关市水务局及时向区内沿河取水户发布预警信息。

6.2.3.2　预警状态调整

黑龙江省水文水资源中心及时通知黑龙江省水利厅，黑龙江省水利厅通过考核断面下泄流量监测信息调整预警状态，并及时告知相关市水务局。相关市水务局及时告知各县水行政主管部门，各县级水行政主管部门告知区内沿河取水户。

6.2.3.3 预警措施

发生生态流量预警时,应加密控制断面下泄流量监测频次,加强沿河取水口取水量监控,同时组织专业人员开展调查分析工作,及时查明生态流量预警原因,有针对性地制定解决方案,并监督实施。

发布蓝色预警时,说明该断面来水接近生态流量目标值,该指令为警示作用,需密切关注断面流量动态,相关市水务局管控辖区内各取水口按照取水许可批准的取水量与年初黑龙江省水利厅下达的水量调度计划中的计划取水量合理取水,尽量避免出现红色预警情况。

发布红色预警时,说明该断面来水已低于生态流量目标值,该指令为生态流量调度措施启动指令,必须采取调度方式调整和取用水管控等措施。预警考核断面以上及预警断面至河口之间取水口按计划取水量同比例削减,确保红色预警尽快解除,以便及时恢复该断面的生态下泄流量。

7

保障措施

7 保障措施

保障措施包括：统筹引蓄水工程调度，保证生态流量；限制高耗水用水户准入，严格控制已取水审批的高耗水用水户的用水量。具体措施分为工程措施和非工程措施。

7.1 工程措施

(1) 监测设施的建设

监测设施的建设应覆盖到各控制断面，水库、水文站断面可依托已有的监测设施监测；无监测设施的支流入河口断面在加强本断面监测设施建设的基础上，尽快推进各主要取水户完成取水口取用水监测设施的建设。

(2) 远期完成各水库下游灌区的续建配套与节水改造工程

目前除了大型灌区，中型灌区也正陆续开展中型灌区续建配套与现代化改造实施工程，未来小型灌区也将实施此工程，各流域内兴利任务以灌溉为主的水库远期在实施灌区续建配套与现代化改造后，将节余出一部分灌溉水量，节余的水量可作为生态用水，满足水库下游河道生态流量的要求。

7.2 非工程措施

(1) 调整农业种植结构，建立节水型社会

6条重点河流均流经黑龙江省主要的商品粮基地，但流域内地表径流具有年内年际分配不均、连续丰水年与连续枯水年交替出现的特点，流域经济社会发展与生态环境保护对水资源的需求和水资源供给之间的矛盾十分突出。

一方面,流域经济结构中农业占据主导地位,受水资源的制约,农业结构调整事关全局,势在必行。要建立与水资源状况相适应的作物结构和品种结构,逐步调减耗水量大的作物和品种,扩大节水型、耐旱型作物和品种的种植面积,大力推广耕作节水、生物节水、化学节水、灌溉节水和集雨节水等综合配套技术措施,实现农业的可持续发展。在流域内生态脆弱地区,要加大生态环境保护和建设的投入,要把不适宜耕种的土地有计划、分步骤地退耕还林、还草、还湖,研究制定加快发展生态农业、特色农业、观光农业和旱作节水农业基地建设的政策,把保护和建设生态环境与增加农民收入结合起来。

另一方面,为解决水资源的供需矛盾,除合理开发本区地表水、地下水资源外,还需要对工农业生产和居民生活用水采取节约措施,加强流域水资源统一管理,推行节约用水、合理用水的水价机制,本着节约用水和以供定需的原则安排各业用水,城镇工业用水重复利用率要逐渐提高,农业方面要推广节水技术和提高水的利用率,根据水量安排农业作物的种植比例,从而优化配置水资源,实现流域水资源可持续利用发展目标。建设节水型社会是进一步解决干旱缺水问题的根本、有效措施之一,也是当务之急。流域节水型社会建设,可以使水资源利用效率得到提高,生态环境得到改善,可持续发展能力不断增强,从而促进人与自然的和谐发展。

(2) 加强组织领导,落实责任分工

生态流量保障涉及的管理单位(部门)包括黑龙江省水利厅、流经地市人民政府、流经地市水务局等。应依据生态流域目标和任务,明确各自责任主体职责;各责任主体单位应根据职责分工,加强组织领导,明确任务分工,逐级落实责任。

(3) 完善监管手段,推进监控体系建设

推进干流取水口监测设施建设,开展水文监测工作,建立取水和下泄生态流量在线监控和计量、数据传输系统,实现考核断面和沿河干流取水口监控,依托河长制、取水工程(设施)核查登记信息平台等信息化平台,采用现场检查、台账查询、动态监控等方法,全面提高生态流量保障工作信息化水平。

（4）健全工作机制，强化协调协商

完善水资源统一调度和配置制度，建立生态流量调度管理制度；建立监测报送和预警发布制度，对于监测数据和预警信息，定期逐级报送至省水利厅，同时及时报送和发布预警信息；建立信息共享制度，实现流域生态流量保障相关数据和信息的交互和传递；建立协调协商机制，促进不同区域和部门的沟通协商、议事决策和争端解决。

（5）强化监督检查，严格考核问责

流经地市水务局负责区内各用水户取用水的监督管理，严格落实年度取用水计划。省水利厅定期或不定期组织开展生态流量（水量）监督检查。